ALOITTAVAN KOIRANKASVATTAJAN OPAS

© 2019 Katja Piiroinen
Kustantaja: BoD – Books on Demand, Helsinki, Suomi
Valmistaja: BoD – Books on Demand, Norderstedt, Saksa
ISBN: 978-952-3307-57-5

## Sisällys

| | |
|---|---|
| Aluksi | 11 |
| Tavoitteet | 15 |
| Kasvattamisen aloittaminen | 19 |
| Kennelnimen hankkiminen | 25 |
| Mikä on erinomainen rotunsa edustaja ja mikä on jalostuskelpoinen koira | 27 |
| Jalostusneuvonta ja Pevisa | 38 |
| Sukutaulut | 39 |
| Viennit ja tuonnit | 41 |
| Uroksen etsintä | 43 |
| Sperman kerääminen | 46 |
| Juoksut ja astutus | 48 |
| Tiineys ja valeraskaus | 54 |
| Valmistautuminen synnytykseen | 57 |
| Synnytys | 62 |
| Pentuaika | 68 |
| Pentujen hoito | 72 |
| Pentupäiväkirja | 78 |
| Paperiasiat ja pennun luovuttaminen uuteen kotiin | 78 |
| Pentujen uudet kodit | 82 |
| Leasing ja yhteisomistus, sekä sijotus | 94 |
| Yhdistelmien uusiminen | 97 |
| Kasvattajan tuki | 98 |
| Kotisivujen merkitys | 100 |
| Pentuetapaamiset | 103 |
| Miksi siis kasvattaa | 104 |

# KASVATTAJATARINAT

Ensimmäinen pentue 110
Piitun vaikeudet 112
Synnytys tarina 114
Pentupalautus 117
Esimerkki terveyskysely 118
Pentuepäiväkirja 120
Mistä kaikki alkoi? 125
Orpopennut 127
Kohtutulehdus 129
Kaasuuntuva poika 131
Koiran tuonti Saksasta 133
Nisätulehdus 135
Kaksioisastutus 136

Sanakirja 139
Lähteet ja kiitokset 140

## Koiraharrastuksista kasvattajaksi

Varmasti isolla osalla koiria aktiivisesti harrastavista käy ainakin ohimennen mielessä koirien kasvattaminen ja jalostaminen. Ajatuksen tasolla asia tuntuu yksinkertaiselta ja helpolta, mitä se ei kuitenkaan ole. Kasvatukseen ja pennutukseen on hyvä perehtyä huolella ennen, kuin oman koiran jalostamisesta alkaa haaveilla tai sitä toteuttaa.

Tämän kirjan tarkoitus ei ole pelotella tai kääntää kenenkään mieltä, vaan tarkoituksena on valaista eri näkökulmia ja saada miettimään mitä kaikkea kasvattaminen vaatiikaan, ja mitä kaikkea se saattaa tuoda eteen. Eräs kasvattaja sanoi aikoinaan: "Jokainen synnytys ja pennutus on erilainen, eikä mikään yleensä mene kuten kirjoissa." Lähtökohtana tälle kirjalle on myös se, että kaikkein paras lähde kasvattajalle on toinen, mahdollisesti kokeneempi kasvattaja.

Kirjan pohjana on käytetty kasvattajien omia kokemuksia. Tämän kirjan tiedot perustuvat siis kokemuksiin, eivät niinkään tietokirjoihin. Kasvattamisen inhimillisyys tulee aina ottaa huomioon: joku toinen tekee asiat ehkä toisin ja pitää tapaansa oikeampana. Kasvattamisessa kannattaa kuitenkin muistaa, että vastuu on aina kasvattajalla itsellään, ja hän itse on se, joka tekee päätökset pentujen tulevaisuudesta. Jokaisella on omat tapansa toimia. Tahdon kiittää kaikkia niitä kasvattajia, jotka jaksoivat vastailla kysymyksiini ja jotka olivat suurena apua kirjaa tehdessä.

Haluan kiittää myös perhettäni, joka on jaksanut kirjoitushetkiäni jolloin en ole kuullut tai nähnyt mitään muuta. Sekä rakkaita koiriani, joiden avulla olen uppoutunut tähän kasvattajan arkeen.

Toinen painos Liperissä 2.6.2019 Katja Piiroinen

## Aluksi

Jo aivan aluksi on hyvä ajatella miksi ja miten aikoo kasvattaa. Onko syynä raha vai se, että itse haluaa pennun? Ovatko syyt päteviä pentujen teetättämiseksi?

Pennuttamisella ja jalostuksella on eroja. Kasvattaako pentuja vain pentujen vuoksi vai haluaako jalostaa rotua parempaan terveyteen, ulkonäköön ja toimintaan? Tässä tulee se tärkein kasvattajan punainen lanka. Kasvattajan tulisi pystyä perustelemaan miksi käyttää juuri näitä koiria jalostukseen ja mitä hän hakee yhdistelmältä. Liian paljon on ollut esillä pentutehtailu ja paperittomien pentujen teettäminen tai tuominen ulkomailta. Tällöin ei välitetä enää rodusta tai yksilöistä vaan tuotetaan vain pentuja ja usein motiivina on raha. Tällöin ei voida enää olla varmoja koirien perimästä tai terveydestä. Kannattaa siis aina miettiä mitä koirallani on rodulle annettavaa.

Monella kasvattajalla lähtökohdat ovat "perinnöllisiä". Vanhemmat, sukulaiset tai ystävät ovat kasvattaneet, ja kasvattaminen sekä sen periaatteet ovat tulleet tututuiksi jo lapsuudesta.

> *Olen varmaankin syntynyt koirankarvat suussa. Äidilläni oli kaksi tiibetinspanielipentuetta, joten jostain sieltä varhaislapsuudesta se varmaankin tulee*
> Johanna Tukiainen, Kennel Lovebear's
> newfoundlandinkoira, amerikan akita, tiibetinmastiffi

Jotkut kasvattajat taas ovat ajautuneet kasvattamaan vahingon kautta. Ehkä ensin on ollut hyviä uroksia, joiden kautta kiinnostus rotuun ja kasvattamiseen on syntynyt, ja jonka vuoksi myöhemmin on hankittu narttu ihan jalostamista silmällä pitäen.

*Minä itse asiassa olen aloittanut kasvattamisen ihan "vahingossa" ja suhteellisen myöhäisellä iällä. Mopseja minulla on ollut jo 60-luvun lopusta saakka, aina uroksia. Viidestä pojastani kolme oli sellaisia, joita käytettiin myös jalostukseen: kahta fawn-väristä, isää ja poikaa, enemmänkin, mustaa urostani isäksi muutamalle pentueelle. Yksi uroksistani oli ulkonäöllisesti kaunis kansainvälinen muotovalio. Se teki yhden pentueen, jossa valitettavasti oli kaksi pentua, joilla oli selkäranganmutka. Pentueesta tuli tämän isän ensimmäinen ja viimeinen. Kun viimeisin jalostukseen käytetty urokseni oli isänä mahdolliselle viimeiselle pentueelleen 10 vuoden kunnioitettavassa iässä, ajattelin ottaa siitä pojan itselleni, jotta saisin vielä nauttia samasta isä-poika – linjasta. Oletetussa viimeiseen pentueeseen syntyi vain narttuja ja hetken mietittyäni päätin ottaa yhden. Mosse kuitenkin pääsi isäksi vielä vuotta myöhemmin, ja myös siitä pentueesta otin narttupennun. Kun kerran oli kaksi tyttöä talossa, niin alkoipa tehdä mieli kokeilla omienkin pentujen maailmaan saattamista. Kävin kasvattajakurssin, anoin kennelnimeä, ja tässä sitä ollaan, aivan kasvatustyön lumoissa. Kasvattamisen aloitin vuonna 2005, ja tähän mennessä maailmalle on lähtenyt neljä pentuetta. Tällä hetkellä meillä on neljä narttua, joista vanhin täyttää kuusi vuotta ja on jo siirtynyt "eläkkeelle". Nuorimmat ovat vielä pentuikäisiä: musta narttu hankittu mustan linjan kantaäidiksi, ja vaalea jätetty omista kasvateista jatkamaan fawn-väristä linjaa.*

*Sirkku Slip, Kennel Jitterpug,
mopsi*

Myös elämäntapa ja halu syventää koiraharrastusta ovat eräitä syitä lähteä etsimään jalostuskoiria ja teettämään pentuja. Olipa lähtökohta mikä tahansa tavoitteen tulisi olla kuitenkin aina sama: päästä rotujen sisällä entistä parempaan tulokseen.

> *Koirat ovat vallanneet sydämemme ja harrastus ulottuu koko perheeseemme. Koirien kasvattaminen tuo mukanaan uusia ystäviä ja syventää harrastuspohjaa entisestään. Alussa omien koirien menestys antoi paljon. Pikku hiljaa oman kasvatustyön alkaessa omien kasvattien menestys niin näyttely- kuin koepuolellakin antoivat enemmän kuin omien koirien menestys. Kasvattaminen on luonnollinen tapa laajentaa ja syventää koiraharrastusta syvemmälle tasolle.*
> Heli Rummukainen, Kennel Ancer's,
> englanninspringerspanieli, dreeveri

*Minulle kasvattaminen on elämäntapa, sosiaalisen verkoston rakentamista. On aina myös haaste, mitä seuraava pentue tuo.*
　*Mabel Olsson, Kennel Bullero's,*
　*bullmastiffi, amerikan akita*

*Meillä ei lapsuudessani ollut koiria meidän neljän sisaruksen toiveista huolimatta. Nykyään kaikilla meillä on useampia koiria, ja myös sisareni ovat kasvattajia. Aloitin koiraharrastukset vuonna 1992 seurailtuani sitä ennen tiiviisti sisareni aktiiviharrastusta,ja pikkuhiljaa omien harrastusten ja koiratietämyksen lisääntyessä mielessäni alkoi kyteä haave sen laajentamisesta myös kasvatuksen puolelle. Olen aina halunnut tietää koirista kaiken mahdollisen ja mahdottoman, niin niiden fyysisestä kuin psyykkisestäkin puolesta, eri roduista ja myös ominaispiirteistä ja luonteesta. Elämäntilanteeni antoi kuitenkin myöden kasvattajakurssille vasta 2004, jolloin sisareni olivat kasvattaneet jo useamman vuoden. Olin seurannut läheltä heidän työtään tällä saralla, ja oppinut myös hyvin paljon. Kennelnimeni sain 2005, ja kaikki koirat jotka meillä ovat, on hankittu mahdollista kasvatusta silmällä pitäen.*
　*Kati-Maaria Tanttu, Kennel Metkumutkan tiibetinspanieli, estrelanvuoristokoira, griffonit*

## Tavoitteet

Kasvattajalla tulisi siis olla tavoitteita. Hänen tulisi miettiä mitä yhdistelmältä toivoo, miksi hän valitsee juuri tietyt vanhemmat ja mitä toivoo vanhemmilta saavansa pennuille. Ennen kasvattamisen aloittamista tulee myös miettiä mitä itse pitää tärkeänä koirassa: terveyttä, ulkonäköä, luonnetta vai kykyä toimia? Niiden perusteella tulisi valita myös vanhemmat. Naapurin uros kun ei välttämättä ole paras juuri omalle nartulle korjaamaan oman nartun vikoja tai puutteita. Monet kasvattajat pyrkivät välttämään suuria sukusiitosprosentteja ja hyvä näin, mutta jos jonkin ominaisuuden kannalta haluaa ehdottomasti linjata*, tulisi asiasta tietää paljon ja pyrkiä tiedostamaan riskit.

Sukusiitosaste* ilmaisee sukusiitoksen voimakkuutta. Esimerkiksi isä-tytär sukusiitosprosentti on 25%, täyssisar 25%, puolisisar 12,5 % ja serkusparitus 6,25%. Sukusiitoksen ja linjauksen ero on hyvin pieni. Erona käytetään sukusiitosprosentin suuruutta, jos sukusiitosprosentit ovat alle 6,25% puhutaan linjauksesta ja kun se ylittää tämän, on kyse jo sukusiitoksesta. Näin ollen sukusiitosprosentti ei saisi ylittää 6,25%. Ulkosiitoksesta puhutaan silloin kun koirat eivät ole lainkaan sukua keskenään eli sukutauluista ei löydy samoja koiria. Sukusiitosprosentti on tällöin 0,00%

Linjauksella yritetään nostaa esille tietyssä suvussa olevia hyviä piirteitä kuten käyttöominaisuuksia tai ulkonäköä.

Kennelliiton sivuilta löytyy jalostustietokanta, jonne on kaikki suomalaiset rotukoirat rekisteröity. Palvelu laskee suoraan sukusiitosprosentit eri yhdistelmille ja muodostaa samalla tulevan pentueen sukutaulun. Tätä palvelua jokaisen kasvattajan tulisi käyttää jo pentuetta suunniteltaessa

Vaikka oma koira olisikin ihana ja kaiken mahdollisen voittanut, kannattaa silti jopa kirjoittaa paperille oman koiran hyvät ja huonot puolet, ja miettiä millaisella uroksella voisi päästä entistä parempaan tulokseen. Jalostuksella on tarkoitus parantaa rodun kokonaisuutta, ei niinkään tuottaa vain muutamia huippuyksilöitä. Näin ollen koko tulevan pentueen tulisi aina olla parempia kuin vanhempansa.

> *Tavoite on säilyttää, ei parantaa rotua - säilyttää se siis sellaisena kuin se on vuosituhansia ollut: kaikin puolin kohtuullisena ja atleettisena metsästyskoirana, joka on kaikin tavoin tarkoituksenmukainen niin luonteen kuin ulkomuodon ja käyttöominaisuuksien puolesta.*
> Micaela Lehtonen, Kennel Qashani,
> saluki

*Ensisijaisena tavoitteenani on jalostaa mahdollisimman terveitä ja hyväluonteisia koiria. Mopsin kuuluu olla iloinen, seurallinen ja hyvin esimerkiksi lapsiperheisiin sopeutuva koira, mutta myös energinen ja reipas. Rodussa ei yleensä luonteen suhteen ole ongelmia, ilmeisesti kiltti luonne on jo niin pitkän jalostustyön tulos,että aggressiivisuus on todella harvinaista, mutta toinenkin ääripää on huono: liian flegmaattinenkaan koira ei saa olla. Rodunomainen ulkonäkö on tietenkin myös tärkeää.*

*Mopsi on kuitenkin rotu, jossa on oltava tarkkana, että mitään ominaisuutta ei liioitella, koska liioittelu usein kostautuu terveydellisin haittoina.Esimerkiksi liian suuret silmät ovat alati alttiina vahingoittumiselle kuonon puuttuessa, nenäpoimun suuruus saattaa aiheuttaa ongelmia niin hengitystiehyisiin kuin silmiinkin, tylppäkuonoisilla koirilla on kiinnitettävä erityistä huomiota hengitysteiden avoimuuteen ja hyvään purentaan. Kasvatan mopseja ihmisten seuraksi: silloin on erittäin tärkeää,että luonne on hyvä ja että koira on terve ja elää mahdollisimman pitkän ja hyvän elämän tuottaen iloa omistajilleen. Plussana tulee myös kaunis ulkonäkö, mutta varsinaisesti en kasvata näyttelykoiria. Ulkonäköön voidaan paljolti vaikuttaa jalostustyöllä, mutta varmoja takeita ei yhden yksittäisen yksilön kehittymisestä näyttelytähdeksi voida koskaan antaa ja lisäksi ulkonäköön vaikuttavat perimän lisäksi mitä suurimmassa määrin myös ympäristötekijät. Pyrin olemaan mahdollisimman avoin ja rehellinen tätä työtä tehdessäni. Jos koirissani on vikoja, kerron niistä, ja jos taas sairauksia, en käytä koiraa jalostukseen. Harkitsemieni siitosurosten omistajilta odotan samanlaista avoimuutta. Mieluummin otan pienet puutteet kuin valheellisen raportin koiran todellisesta fyysisestä tai henkisestä tilasta.*

*Sirkku Slip, Kennel Jitterpug, mopsi*

*Haluan, että nöffit pysyvät aktiivisina, työkoirina, mutta että ne ovat myös kauniita työkoiria. Rotu on tarkoitettu erityisesti vesipelastukseen (vepe), ja sen vaiston täytyy säilyä. Myös rakenteen ja turkin pitää olla sellaisia, että ne todella kestävät vepeilyn. Alun perin ensimmäinen pentue tehtiin, koska koiramme oli kaikin puolin todellakin "niin hyvä". Värinsäkin puolesta oli annettavaa, sillä kauniita ennen kaikkea hyvärakenteisia ja -luustoisia ruskeita ei valitettavasti enää missään tunnu olevan.*
   Bettina Salmelin, Kennel Watercubs,
   newfoundlandinkoira

*Tavoitteenani on saada Suomen kantaan geneettistä vaihtelua ja parantaa rodun olemassaolon mahdollisuuksia täällä. Haluan todella jalostaa enkä vain teettää pentuja. Pidemmällä tähtäimellä haluan jalostaa myös ulkonäöllisiä piirteitä ja tyyppiä, mutta näin alussa keskityn lähinnä terveyteen ja luonteeseen. Omakohtainen tavoitteeni on pitää aina jalat maassa, yrittää ajatella eikä pelkästään tunteilla sekä välttää "kennelsokeutta". Ennen kaikkea haluan olla avoin.*
   Meri Pistokoski, Kennel Monokuro,
   shibat

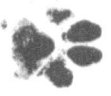
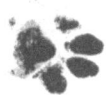

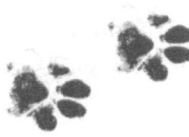

**Kasvattamisen aloittaminen**

Kuinka siis aloittaa kasvattaminen? Monellahan ajatus lähtee omasta koirastaan. Koira toimii hyvin ja on kaunis, miksi siis ei teettää pentuja? Mielestäni jokaisen tulisi kuitenkin pystyä ajattelemaan omaa koiraa myös kriittisesti. Millainen suku koiralla on? Onko koiralla sairauksia? Entä sisarusten tai vanhempien sisarusten terveys? Toimiiko koira siinä tarkoituksessa hyvin mihin se on alun perin jalostettu?

Useita koiria voidaan vertailla eri lähteistä saatavien tietojen perusteella. Nykyään internet on ihan hyvä tiedonlähde, sillä esimerkiksi Kennelliiton jalostustietokannan kautta saa paljon tietoa koirista niin terveyden kuin tulostenkin osalta. Vertaile koirien luonnetta luonnetestitulosten tai käyttökoetulosten perusteella, terveyttä ja lisääntymistä terveystarkastustulosten ja pentueiden perusteella, käyttöominaisuuksia taipumuskoetulosten sekä käyttökoetulosten perusteella, sekä koiran tyyppiä ja ulkonäköä näyttelytulosten sekä jalostustarkastustulosten perusteella. Myös ennen pentujen teettämistä mieti onko sinulla aikaa hoitaa pentuja mahdollisesti alussa myös ympäri vuorokauden. Oletko varautunut siihen, että kaikki ei menekään hyvin ja joudut käyttämään emää tai pentuja eläinlääkärissä? Muista myös, että sinun on varauduttava siihen, etteivät kaikki pennut menekään kaupaksi heti, vaan joudut ehkä pitämään pentuja kauemmin kotonasi.

Jos kaikki näyttää olevan kohdallaan ja tuntuu, että koirallasi olisi jotain annettavaa rodulle, niin koiran käyttämistä jalostukseen kannattaa ainakin harkita. Kasvattajalta kuitenkin vaaditaan paljon muutakin kuin vain hyvä narttu. On ehdotonta, että kasvattajalla on hyvä rotutuntemus, sillä jokaisen tulisi tietää mihin pyrkii, eikä se onnistu ilman rotutuntemusta. Tutustu siis rodun historiaan, käyttötarkoitukseen, ulkonäköön ja luonteeseen.

On myös hyvä pyrkiä tulemaan toimeen erilaisten ihmisten kanssa, sillä joudut kasvattajaurallasi kohtaamaan monenlaisia ihmisiä. Kannattaa myös aina kysyä kokeneemmilta.

---

**Kasvattajalta vaaditaan mielestäni hyvin joustavaa, tiedon haluista ja tiedonjakohaluista luonnetta. Myös elämänarvojen tulee olla kohdallaan. Täytyy osata tulla toimeen monenlaisten ihmisten kanssa, vaikka se joskus vaikealta tuntuisikin. On päivitettävä rotutuntemustaan ja oltava ennen kaikkea rehellinen itselleen ja muille.**

*Minna Hallikainen, Kennel Wild Fellow's*
*walesinspringerspanieli*

---

*Kasvattaminen vaatii ainakin tällä rodulla omakotitalon, ja jonkin verran pääomaa astutukseen sekä nartun ja pentujen ensimmäisten elinviikkojen hoitoon. Se vaatii myös luonteenlujuutta olla myymättä pentua sellaiselle ihmiselle, jolle rotu ei sovi. Pitää osata kysyä oikeita asioita ostajalta, ettei tule sitä ikävää tilannetta, että joudut hakemaan pennun pois.Pahimmassa tapauksessa pentu on lopetettu sen takia, että uusi omistaja ei ole ymmärtänyt rodun luonnetta.*

Tiina Tamminen, Kennel Sartimos,
sarplaninac

*Kasvattaminen vaatii mielestäni jatkuvaa tiedonhalua ja kykyä oppia ja omaksua uutta, myös tietynlaista itsekritiikkiä, ja ehdottomasti rehellisyyttä! Kyky tulla toimeen erilaisten ihmisten kanssa ei myöskään ole lainkaan pahitteeksi.Tiloilla ei mielestäni ole erityisvaatimuksia, kunhan emolle pentuineen on tarjota rauhalliset omat tilat ensimmäisiksi viikoiksi. Jos kasvattajalla on useampi koira, täytyy tietysti tilojenkin olla sen mukaiset, mutta täytyy muistaa, että monella kasvattajalla on kotonaan vain yksi tai kaksi koiraa. Rahallisesti kasvattaminen on kallista, eikä sillä todellakaan rikastumaan pääse; näyttelyt, terveystutkimukset, kunnollinen ruoka ja tietysti eläinlääkärikulut voivat nousta pilviin, joten jonkinlaista alkupääomaa on hyvä olla olemassa jo aloitusvaiheessa! Lisäksi synnytykset eivät aina mene kuten kirjoissa, joten siihenkin täytyy pystyä varautumaan.
Fiksua on myös pitää kirjaa tuloista ja menoista, ja kasvattamiseen liittyvät rahavarat erillään talousrahoista.*

Kati-Maaria Tanttu, Kennel Metkumutkan
tiibetinspanieli, estrelanvuoristokoira, griffoni

Kasvattajanalulle ensimmäinen askel on Suomen Kennelliiton järjestämä kasvattajakurssi. Sieltä saa runsaasti tietoa kasvattamisesta, jalostuksesta sekä sekä kaikesta aiheeseen liittyvästä. Kurssi on hyödyllinen vaikka et olisikaan ajatellut kasvattaa koskaan.

*Kannattaa ensinnäkin miettiä syitä miksi haluaa kasvattajaksi. Taloudellinen hyöty ei ole hyvä syy, joissakin tapauksissa rahaa menee huomattavasti enemmän kuin mitä pentujen hinta kattaa. On hyvä miettiä myös mitä rotua haluaa kasvattaa, ja kenelle sekä mitä annettavaa itsellä ja omilla koirilla on rodulle. Itse teen yhdistelmäni aina omaa jalostustani ja sen jatkumoa silmällä pitäen, eli pentueen on täytettävä ne kriteerit mitä omalle jalostustyölleni ja sen tavoitteille asetan. Kannattaa tutustua rodun kokeneempiin kasvattajiin, ja luoda suhteita heihin, heiltä saa yleensä todella arvokasta kokemuksentuomaa tietoa ja taitoa, jota ei kirjoista löydy! Jalostusvalinnat kannattaa tehdä huolella, ja realistisesti punnita linjojen hyvät ja huonot puolet.*

    *Kati-Maaria Tanttu, kennel Metkumutkan*
    *tiibetinspanieli, estrelanvuoristokoira, griffoni*

Koiramaailmassa suhteet ovat todella tärkeässä asemassa. Sitä ne ovat etenkin kasvattajalle. Näin ollen kannattaa luoda suhteita niin harrastajiin kuin toisiin kasvattajiinkin. Suhteet tuovat myös hurjasti lisää tietoa rodusta, sen käytöstä ja terveydestä. Mene rohkeasti juttelemaan ihmisille näyttelyissä ja kokeissa. Nykyään myös sähköpostin kirjoittaminen on yksi todella hyvä keino ottaa ihmisiin yhteyttä. Kannattaa myös kertoa omat aikeensa myös kasvattamisesta, sillä näin on mahdollista saada tietoa hyvästä jalostusmateriaalista itsellekin.

Varsinkin koiraa hankkiessa kasvattajalle kannattaa mainita kiinnostus kokeisiin tai näyttelyihin sekä kasvatusaikeet, sillä näin sinun on mahdollista saada pentueesta hyvä yksilö. Ulkomaille suhteita luodessa kannattaa muistaa myös kulttuurierot, jotta osaisit toimia hyvien käytöstapojen mukaisesti. Internet on hyvä apuväline koiraa etsiessä, mutta kannattaa myös muistaa, että netti voi myös "valehdella". Älä siis luota ainoastaan nettiin, vaan ota asioista myös muuten selvää. Kysele, katsele, lue ja opiskele.

Kritiikkiä tulet saamaan aivan varmasti, siksi kasvattajan täytyy kestää ikäviäkin kommentteja yhdistelmistä ja koiriesi terveyden, luonteen tai ulkonäön suhteen. Joskus sinua mahdollisesti arvostellaan jopa oman ulkonäkösi, ystäviesi tai jonkin muun asian vuoksi joka ei millään lailla liity koirien kasvatukseen. Koiramaailma osaa olla myös raaka, tämä tulee muistaa, ja se vain on hyväksyttävä. Jokaisen tulisi itse uskoa siihen mitä tekee ja pyrittävä jättämään ilkeät kommentit omaan arvoonsa. Meistä jokaisen tulisi myös pyrkiä siihen, ettei itse lähde mukaan herjan heittoon. Kritiikki on kuitenkin hyväksyttävä, ja siitä kannattaa ottaa opikseen. Kaikki, mitä kasvatustyöstäsi sanotaan, ei ole tarkoitettu henkilökohtaiseksi ilkeydeksi, eikä sitä sellaisena kannata ottaakaan. Myös sen myöntäminen, että kaikille sattuu virheitä voi olla paikallaan, niin oman itsensä kuin toisten kasvattajienkin kohdalla.

*Tavoitteet huomioonottaen olen tuonut metsästäviä salukeja Lähi- Idän alkuperämaista, ja jotkut (onneksi vähemmistö) rodunharrastajista tuntuvat pitävän alkuperätuonteja jonkunlaisena uhkana.*
Micaela Lehtonen, Kennel Qashani,
saluki

*Yleensä kaikki ovat ystäviäsi niin kauan, kuin koirasi eivät pärjää kokeissa tai näyttelyissä, mutta kun koirasi ja kasvattisi alkavat pärjäämään tulee mukaan kateus. Yleensä siinä vaiheessa ystäväpiirisi vaihtuu. Niin valitettavaa kuin se onkin, usein juuri uudet kasvattajat ruusunpunaisissa laseissaan syyllistyvät kritisoimaan muita, mutta onneksi kokemus opettaa.*
Tuula Suhonen, Kennel Von Sarisheim,
saksanpaimenkoira

*Olen saanut paljon kritiikkiä. Pentueiden määrä on joidenkin mielestä liian suuri, kasvattini ylipäänsä eivät miellytä kaikkia, sekä minun tyylini puhua suoraan asioista on joidenkin vaikea hyväksyä.*
Mabel Olsson, Kennel Bullero's
bullmastiffi, amerikan akita

## Kennelnimen hankkiminen

Usein kasvattaja haluaa, että hänet ja hänen koiransa tunnistaa jo nimestä, ja hankkii siksi itselleen myös kennelnimen.Kasvattaa voi myös ilman kennelnimeä mutta esimerkiksi rekisteröintimaksut ovat korkeammat, jos kennelnimeä ei ole. Kennelnimen saamiseksi tulee käydä Suomen kennelliiton järjestämän kasvattajanperuskurssi, jonka aikana tulee esille niin hyödyllistä kasvattajatietoa kuin ihan peruskoiratietouttakin.

Kennelnimeä varten sinun täytyy kuulua kasvattamasi rodun rotujärjestöön, ja hakea sieltä itsellesi puoltolausuntoa. Puoltolausunnon täytyy myös olla samalta vuodelta kuin kennelnimianomuksin. Puoltolausuntoa voi hakea vapaamuotoisesti esimerkiksi sähköpostin kautta. Puoltoanomukset käsitellään rotujärjestöjen kokouksissa, joten aikaa saattaa kulua myös lausunnon saamiseen.

Kennelnimianomukseen tulee liittää puoltolausunnonlisäksi kennelliiton kasvattajasitoumus allekirjoitettuna, sekä kopio kasvattajan peruskurssin todistuksesta. Anomukseen täytyy kirjata myös vähintään kaksi kennelnimivaihtoehtoa, jotka kannattaa tarkastaa suomen kennelliitosta, etteivät ne ole jo käytössä

> Kennelnimen saantiehdot ovat:
> 1. Täytyy olla 18-vuotias.
> 2. Täytyy olla sopiva kennelnimen haltijaksi.
> 3. Täytyy olla Suomen Kennelliiton jäsen.
> 4. Täytyy olla rotujärjestön jäsen.
> 5. Täytyy saada rotujärjestöltä puoltolausunto tai rotujärjestön antama todistus jäsenyydestä.
> 6. Kasvattajan peruskurssi täytyy olla suoritettu ja siitä todistus liitteenä.
> 7. Täytyy allekirjoittaa kasvattajasitoumus

Tässä sinun tulee muistaa, että kennelnimi on voimassa koko elämäsi ajan, joten mieti tarkkaan. Jos sinulla ei ole kennelnimeä vielä ensimmäisten pentujen aikana voit lisätä sen aiemmin syntyneiden pentujen nimiin myöhemminkin. Silloin laitat kennelliittoon postia, jossa kerrot kennelnimen joka lisätään kasvattamiesi pentujen eteen. Kennelnimen saamiseen kannattaa varata aikaa ainakin puoli vuotta, sillä prosessi on pitkä. Suomen kennelliiton hyväksyttyä nimihakemuksen, se menee Belgiaan FCI:hin hyväksyttäväksi. FCI on Kennelliittojen "kattojärjestö" eli Fédération Cynologique Internationale. Sinä maksat vain hyväksytystä kennelnimestä. Myöhemmin jos rotu vaihtuu tai niitä tulee lisää, sinun ei tarvitse sitä ilmoittaa enää erikseen minnekään.

Kennelnimeä voi hakea myös kahdelle ihmiselle. Kuitenkin harkitessa yhteistyötä tulee muistaa, että myös tällöin nimi on voimassa koko eliniän. Harkitse tarkkaan mitä teet 10 vuoden päästä, ja oletteko molemmat edelleen yhtä mieltä kasvattamisesta.
Keskustelkaa kasvatusperiaatteistanne, rahankäytöstä ja siitä teetättekö yhteiset pentueet vai molemmat omat pentueet samalle

kennelnimelle. Toinen osapuoli voi jättää kasvattajanimen myöhemmin toiselle jos tilanne kärjistyy, eikä yhteistyö enää toimi. Vaikka kuinka tuntuisi turhalta tehdä kirjalliset sopimukset kasvattamisesta ja sen periaatteista, se kannattaa, sillä koskaan ei voi tietää mitä eteen tulee. Ottakaa myös selvää mitä papereita kummankin tarvitsee täyttää pentueita teetättäessä.

**Mikä on erinomainen rotunsa edustaja ja mikä on jalostuskelpoinen koira?**

Luultavasti tähän kysymykseen on ihan yhtä monta vastausta kuin on kasvattajaa tai koiran omistajaakin. Jokaisen omistajan ja jokaisen kasvattajan mielestä oma koira on lähes aina erinomainen. Kuitenkin meistä jokaisen tulisi pystyä katsomaan omaa koiraa myös kriittisesti, ensin terveyden, ulkonäön, luonteen ja toimintakyvyn kannalta, sitten myös koiran suvun osalta.

Ehdottomasti täytyy myös miettiä, mitä annettavaa koiralla on rodulle ja mitä parannettavaa koirassa on. Jos listassa on enemmän korjattavaa kuin hyvää, kannattaa miettiä uudelleen miksi koiralla pitäisi teettää pentuja. Koira ei kaipaa sellaista mistä se ei tiedä. Koiralla ei ole ehdotonta oikeutta saada olla emä tai isä pennuille, eikä koiran ei tarvitse päästä astumaan vain siksi, että se voi. Koira ei tunne selibaatin tai äitiyden käsitteitä, eikä se osaa niitä vaatia. Koiran ei tarvitse saada pentuja vain siksi, että se on juuri sinusta ihana. Koira ei siis tarvitse pentuja. Usein puhutaan, että narttu tarvitsee pennut, ettei sille tule kohtutulehdusta, tämäkin käsite on

väärä. Koira voi saada kohtutulehduksen, vaikka sillä olisi ollut pennut. Paras keino ehkäistä kohtutulehdusta on sterilisaatio.

Jalostaessa koiria tärkeää on koirien terveys. Onko koirasi tarpeeksi terve ja jos oma koirasi on terve onko sen suvussa ilmennyt sairauksia ja jos on niin millaisia? Toisaalta jokaisen tulee miettiä mitä sairautta sallisit olevan omalla koirallasi? Ottaisitko itse sairaasta koirasta esim. jalostuskoiraa? Ja selvitä miten sairaudet periytyvät vai periytyvätkö ne. Ei riitä että tiedät oman koirasi olevan terve vaan selvitä myös lähisukulaisten tilanne. Tee päätökset ja ratkaisut jalostukseen sen pohjalta, millaisia ominaisuuksia omissa koirissasi toivoisit olevan. Myös koiran luonne tulisi huomioida ennen jalostusta. Kannattaako arkaa tai aggressiivista koiraa jalostaa? Vaikka luonteesta vain osa on perinnöllistä, sen ikävät mallit voivat periytyä pennuille opittuna mallina pentuaikana. Ensimmäisen pentueen jälkeen arvioi koirasi uudelleen, millaisia pentuja sait, kannattiko, mutta toisaalta huomioi myös yhdistelmä. Älä syytä epäonnistuneesta pentueesta pelkästään narttua tai urosta, vaan ota huomioon, ettei yhdistelmä välttämättä ollut onnistunut. Näin varsinkin siinä tapauksessa, jos vanhemmat ovat mielestäsi kriteerit täyttävät, mutta pennut eivät.

---

*Koirien täytyy kolahtaa keskenään. Minä en tahdo "tyytyä" mihinkään, vaan tahdon olla ylpeä yhdistelmistä, pentueista sekä niiden mahdollisista saavutuksista.*

*Käytännössä se tarkoittaa sitä, että vanhempien terveystulosten tulee olla kunnossa; lonkat, kyynärät, kystinuria, sydän. Plussaa on sitten kaikki muu.*

*Koetuloksia sekä näyttelytuloksia ei välttämättä tarvitse olla, kunhan tiedän itse, että kyseessä oleva koira on oikeasti sitä mitä haen eli toimiva koira*

    *Bettina Salmelin, Kennel Watercubs,*
    *newfoundlandinkoira*

*Ensisijaisesti kiinnitän huomiota koiran terveyteen, terveisiin liikkeisiin, hyvään ja voimakkaaseen rakenteeseen ja luustoon sekä hyvään luonteeseen. Valitettavasti mopseilla ei jalostuskäyttöön vaadita mitään pakollisia terveystutkimuksia tai -tuloksia, vaan pelkästään näyttelytuloksia eli seikkoja, jotka suurimmalta osalta liittyvät puhtaasti ulkonäköön (liikkeet tietenkin kertovat myös koiran terveestä rakenteesta, samoin kuin luuston vahvuus, raajojen asento, kulmaukset jne). On vain luotettava siihen, mitä linjassa aikaisemmin on esiintynyt tai jäänyt esiintymättä ja siihen, mitä uroksen omistaja omasta koirastaan kertoo. Terveen koiran on myös näytettävä terveeltä koiralta, hyvän ja asianmukaisen hoidon ja hyvän kunnon on näyttävä myös päällepäin. Ulkonäön suhteen haen mahdollisimman rotupuhdasta tyyppiä, joka yhdistettynä oman narttuni ulkonäköön ehkä poikisi myös kauniita yksilöitä. Täysin uutta yhdistelmää tehtäessä ei koskaan voi olla varma lopputuloksesta, ja siinä valitettavasti on yksi tuontiurosten käytön varjopuolista: vanhemmista ja niiden terveydestä ei välttämättä ole mitään tietoa ja nollan siitosprosentti saattaa poikia ikäviä yllätyksiä. Pidän turvallisempana tunnettujen linjojen jatkamista, mutta siten että jalostuskerroin pysyy mahdollisimman pienenä ja siten, että omat linjani ovat sellaisia, että niillä voi vielä jalostustyötä turvallisesti jatkaa.*
*Oman narttuni virheisiin (onko niitä?) pyrin löytämään uroksen, jolla kyseinen ominaisuus on mahdollisimman terve tai toivottava. Samoin omien narttujeni on oltava mahdollisimman terveitä ja erittäin hyvässä fyysisessä kunnossa silloin kun niitä astutan, jotta ne selviävät raskauden ja imetyksen aikaisesta kovasta rasituksesta.*

*Sirkku Slip, Kennel Jitterpug*
*mopsi*

> *Itse korostan tietenkin nimenomaan käyttöpuolta. Jos koira jaksaa vuodesta toiseen toimia käytössä toivotulla tavalla, on täysin selvää, että silloin myös koiran terveys, rakenne ja käyttöominaisuudet ovat kohdallaan. Tietenkin tämän lisäksi näyttelyistä on otettava huomioon vakavat värivirheet, luonne, häntämutkat ja niin edelleen.*
> Ismo Putkonen, Kennel Kolkon,
> dreeveri

Joissain roduissa käyttö- ja näyttölinjat ovat jakautuneet ja moni ei linjoja osaa edes yhdistää samaksi roduksi. Tässä kuvassa kaksi urosta, molemmat ovat kultaisianoutajia.

*Jokainen kasvattaja jättää oman merkkinsä kasvatustyöhönsä. Jokaisella on omat painopisteensä. Koiran erinomaisuutta miettiessä kaikki lähtee sen terveydestä, rakenteesta ja luonteesta. Koiran luonnetta ei voi tarpeeksi korostaa. On aivan sama onko koiralla A vai C lonkat, jos sen luonne on niin hankala, ettei sen kanssa elämästä tule yhtään mitään. Terveystulosten ohella koiran luonne on äärettömän tärkeä seikka. Mikään ei kuitenkaan ole musta-valkoista. Olen nähnyt koiria joista ei ole ison lauman koiriksi, tai toisaalta koiria joista ei ole perheen ainoaksi koiraksi, vaan ne tarvitsevat lauman ympärilleen. Vaatii paljon koiratietämystä että osaa analysoida koiraa.*
*Koiran tulisi olla suvultaan mahdollisimman terve.*
*On aina helpompaa tehdä pentueita koirien kanssa joilla melko siistit linjat, kuin että etsiä kumppania paljon terveysriskejä sisältävään sukuun. Ongelmatonta sukua ei ole olemassakaan, on osattava nähdä millainen kumppani millekin koiralle sopiva, kokonaisuus huomioon ottaen. Kasvattajalla on oltava suuri tiedonnälkä kun hän hakee tietoa eri sairauksista, ja siitä, miten ne periytyvät. Itse muistan viettäneeni unettomia öitä selvittäessäni yhden narttumme addison taudin runsasta sukulinjaa. Soitin kotimaan asiantuntijoista alkaen ulkomaille, kun hain tietoa. Halusin tietää kaiken! Mikä on todennäköisyys missäkin sukupolvessa, kuinka se periytyy, entä kantajuudet? Olipahan sairaus mikä hyvänsä, kasvattajan tulee tutustua kaikkiin mahdollisiin sairauksiin joita sukutaulussa seisoo. Vasta kun tunnet omien siitoskoiriesi suvut täysin, voit alkaa etsiä niille sopivia kumppaneita.*

    *Henna-Riikka Backman, Kennel Jarfa's*
    *suomenlapinkoira*

> *Mopsien ollessa kyseessä on mahdollista tinkiä esimerkiksi lonkkadysplasiassa. Mopsin C-lonkat ovat periaatteessa "terveet", vaikka ne muissa roduissa katsottaisiinkin sairaiksi. Lievät "kauneusvirheet" olen valmis sallimaan (esim. Hiukan pienet silmät, hieman kookas kirsu, hieman massiivinen nenävekki jne), mutta rungon mittasuhteet, terve rakenne ja terveet liikkeet, mustalla erityisesti väri, pigmentin voimakkuus, luuston vahvuus, rintakehän syvyys ja leveys, hyvä purenta – ne ovat kaikki tärkeitä tekijöitä jalostuskoirassa.*
>
> Sirkku Slip, kennel Jitterpug
> mopsi

Täydellistä koiraa ei ole, joten kasvattajan täytyy pystyä pohtimaan myös sitä, mistä asioista hän pystyisi tinkimään jalostuskoirissa. Onko tinkimisen kohde tietyt asiat terveydessä, luonteessa vai ulkonäössä?

Ihmiset ovat montaa mieltä myös siitä tulisiko koiraa käyttää näyttelyssä tai kokeissa. Luultavasti kuitenkin olisi hyvä saada muiden mielipiteitä omasta koirasta ja myöhemmin myös omasta kasvatustyöstään. On hyvä kannustaa myös kasvattien omistajia edes muutamaan kokeeseen ja näyttelyyn.

Näyttelyt ja kokeet ovat oiva paikka saada kritiikkiä oman koiran rakenteellisesta ulkonäöstä tai kyvystä toimia. Täytyy kuitenkin muistaa myös se, että varsinkin näyttelyissä tuomarit tarkastelevat koiraa verraten sitä rotumääritelmään, mutta myös siihen mitä näkevät itse ja kuinka he tulkitsevat rotumääritelmää.

Yksi tuomari voi nähdä asiat erilailla kuin toinen. Näyttelyistä saa kuitenkin vertailukohtaa siitä, missä omassa rodussa mennään, mitkä

ovat trendit, mutta näyttelyissä voi myös pohtia, oletko itse samaa mieltä vallitsevien trendien kanssa? Vieläkö trendikkäät koirat ovat omasta mielestäsirotumääritelmän mukaisia, vai tulisiko asialle tehdä jotakin? Voisitko sinä tehdä jotakin, jos olisit kasvattaja? Käyttökoirien koetulokset ovat usein tärkeitä, se antaa kasvattajille hurjasti lisätietoa koirista ja niiden toimintatavoista. Käyttökoirien kasvatuksessa on haasteellista löytää terveyden, luonteen ja ulkomuodon lisäksi myös oikealla tavalla toimiva partneri, joka ei kertaa nartun virheitä käytössä.

> *Näyttelyt ja PK-lajit ovat minulle pääasiassa harrastus, mutta tietenkin siellä näkee myös jalostuskoirat tuomareiden silmin. On hyvä ottaa 5 eri tuomarin arvostelut ja katsoa niistä keskiarvo. Näyttelyissä ja kokeissa saa myös arvostelun omasta kasvatustyöstään.*
> Tuula Suhonen, Kennel Von Sarisheim, saksanpaimenkoira

Näyttelyt ja kokeet eivät kuitenkaan kerro sitä kuinka koira periyttää, ja jokaisen kasvattajan tulee muistaa etteivät tittelit periydy. Kotikoirina saattaa olla todella upeita yksilöitä, joita ei näyttelyissä ole käytetty. Mahdollisesti myös h:n tai eh:n koirat voivat tuottaa toivottuja pentuja. Paras tapa selvittää koiran periyttämiskyvyt on tarkastella edellisiä pentueita. Jos pentuja ei ole, tulee selailla tarkkaan koirien tilastoja kokeista, terveystarkastuksista ja näyttelyistä.

Monia pohdittavia asioita on myös ikuinen kiista "näyttelykoira vastaan käyttökoira". Milloin koira on näyttelykoira? Voiko kasvattaja myydä näyttelykoiria? Uroskoirista vain kivesvikaista koiraa ei voi viedä näyttelyyn, ovatko siis loput koirista näyttelykoiria? Kaikkia muita pentuja voi myydä näyttelystä kiinnostuneeseen kotiin, vaikka jo rakenteesta kasvattaja näkisikin, ettei koirasta tähteä tulekaan. Missä siis kulkee raja?

Entä mikä on käyttökoira? Ovatko käyttökoiria ne, joilla on tulos kokeesta vai onko myös ne, joita käytetään käytännössä? Kuinka pystyt todistamaan, että koira toimii käytännössä? Nämä ovat kysymyksiä joihin en voi antaa vastausta, vaan joihin jokaisen on itse osattava vastata oman näkemyksensä kannalta. Voiko ostaja esimerkiksi pyytää tai vaatia metsästyskoiraa hankittaessa, että saisi nähdä vanhemmista edes toisen toimimassa käytännössä jos tuloksia ei kokeista ole? Ja toisaalta, onko kasvattaja velvollinen esittelemään vanhempien taitoja?

Kuinka pitkälle vaistot ja vietit periytyvät ja kuinka paljon niistä on opetettua?
Entä jos kasvattajalle merkitsevät vain tulokset, kuinka käy geenipohjalle? Tulisiko siis näin ollen näyttö- ja käyttöpuolen kulkea käsi kädessä?

Virheitä tulee sallia myös jalostuskoirassa, sillä täydellistä koiraa ei ole olemassakaan. Myös yksi kasvattajien keskuudessa riidan aiheena ollut asia on se, tuleeko kasvattajan osata itse kouluttaa koira kokeisiin tai käytäntöön? Tuleeko kasvattajan itse osata trimmata koiransa jos se kuuluu trimmattaviin rotuihin?

> *Käyn koirieni kanssa näyttelyissä, en kokeissa.*
> *Mopsia ei kait edes juuri tavata käyttää missään*
> *kokeissa, niin puhtaasti se on seurakoira. Näyttelyt*
> *ovat toisaalta suuri intohimo ja hauska harrastus,*
> *toisaalta erinomainen paikka käydä katsomassa tarjolla*
> *olevat urokset ja molempien sukupuotien kulloinenkin*
> *taso ja kuulemassa uutisia jalostus- ja kasvatusrintamalta.*
> *Mihin suuntaan ollaan menossa? Suositaanko näyttelyissä*
> *mahdollisesti virheellisiä ominaisuuksia, esimerkiksi liian*
> *vaaleaa turkin väriä, joka kostautuu myös pigmentin*
> *puutteena niin maskissa, korvissa kuin kynsissäkin?*
> *Miltä näyttävät uudet tuontiurokset?*
> *Millaisia ovat viimeiseksi kehiin astuneet nuoret?*
> *Urosten kanssa kävin näyttelyissä, koska esillä olevat ja hyvin*
> *pärjänneet pojat pysyivät myös kasvattajien mielessä ja tätä*
> *kautta oli helpompi tarjota omiaan jalostuskäyttöön.*
> *Tyttöjen kanssa on haettu ne jalostukseen tarvittavat meriitit,*
> *mutta kyllä näyttelyt silti ensisijaisesti ovat emännän oman*
> *mielihyväkeskuksen tyydyttämistä varten.*
>     *Sirkku Slip, kennel Jitterpug,*
>     *mopsi*

Kasvattajan täytyy pystyä tekemään vaikeitakin ratkaisuja olla käyttämättä jotain tiettyä narttua jalostukseen. Se saattaa tuntua vaikealta, jos ensin on 2 vuotta tai pidempäänkin elätellyt toiveita jalostuskoirasta ja se todetaan sairaaksi tai muuten ei sovellu jalostukseen. Koiraa hankkiessa ei kuitenkaan voi saada takuita siitä, että pentu tulee olemaan täydellistä jalostusmateriaalia, tai edes mahdollista sellaista. Se, ettei koira jalostukseen sovikaan, ei kuitenkaan vähennä sen arvoa rakkaana perheenjäsenenä tai harrastuskumppanina. Nartun jättäminen pois jalostuksesta osoittaa kuitenkin kasvattajan olevan vastuullinen eikä halua tuottaa keskitasoa huonompia pentuja rotuun.

*Olen joutunut lopettamaan koko kasvatuksen eräässä rodussa perinnölliseksi katsotun letaaliriskin vuoksi. Kaikki koirani olivat sukulaisia, koska kantanarttuni olivat serkukset.*
*Yhden tuontikoiramme jouduimme hyllyttämään sen luonteen takia. Narttu oli pelkopurija eli luonteeltaan liian arka ja arvaamaton. Päätös oli vaikea koska koira oli hyväsukuinen, terve lonkkainen jarakenteeltaan ja tyypiltään lähes ideaalinen.*
*Lisäksi se olisi tuonut myös uutta geeniperimää maahamme*
   Tarja Tuomisto, Kennel Tachetee,
   kaukasianpaimenkoira, suomenlapinkoira

*Olen käynyt paljon näyttelyissä, sillä kasvatan rotua, jossa kokeet eivät ole vaatimus. Näyttelyissä on kiva käydä välillä, ja saada samalla ulkopuolisen "tuomio" omien koirien sekä kasvattien suhteen.*
   Mabel Olsson kennel Bullero's
   bullmastiffi, amerikan akita

> *Näitä on ollut monta. Ensimmäiset kolme pohjoismaisia
> linjoja olevat narttuni eivät olleet jalostusmateriaalia.
> Kahdella oli terveydellisiä sukurasitteita,
> kolmas sairastui melko nuorena syöpään,
> eivätkä sen käyttöominaisuudet olleet häikäiseviä.
> Ensimmäinen tuontiurokseni sairastui epilepsiaan.
> Neljättä narttuani käytin jalostukseen, mutta kahden sen
> pennun sairastuttua päätin jättää sekä pennut että
> vanhemmat jatkojalostuksesta.
> Monet kasvatustoiveet ovat kaatuneet,
> vaikka koirat itsessään ovat ihania yksilöitä
> - eivät kuitenkaan jalostusmateriaalia.*
> 
> Micaela Lehtonen, Kennel Qashani,
> saluki

Mieli ehkä tekisi koiraa käyttää, mutta mieti onko se ongelmien arvoista. Tietoisilla valinnoilla saattaa aiheuttaa kipua ja sairautta pennuille ja surua niiden uusille omistajille. Kärsit myös itse kukkarossasi, jos sairaus on perinnöllinen. Jos kuitenkin haluat teettää pentuja jostain viasta tai sairaudesta huolimatta, tulee sinun kertoa rehellisesti pennun ostajalle lähtökohdat ja taustat, ja antaa ostajan tehdä omat valintansa niiden perusteella.

Kuinka taas toimia rotujen kohdalla, joita ei enää käytetä lainkaan alkuperäiseen tarkoitukseen? Tällaisia rotuja ovat esimerkiksi entiset metsästys-, vartio- tai paimenrodut. Kuinka suhtautua rotuun, joka on jakautunut kahteen eri linjaan, jotka poikkeavat toisistaan huomattavasti? Mistä jakaantumisen syyt ovat lähtöisin, ja kuinka kuilun saisi kurottua umpeen? Onko kuilua tarpeenkaan kuroa umpeen?

Jokainen pentue on omanlaisensa ja vaikka kuinka vanhemmat ovat terveistä, voi pennuilla ilmetä sairauksia. Nämä asiat tulisi kasvattajan ottaa huomioon seuraavia yhdistelmiä miettiessä.

Koirien sairaudet ja niistä puhuminen tulisi olla avointa, jotta niistä pystyisi oppimaan niin itse kuin muutkin kasvattajat ja saamaan mahdollisesti terveempiä pentuja. Kukaan kasvattaja tuskin haluaa tarkoituksella teettää sairaita pentuja. Tähän samaan kuuluu myös puhua koirien muista virheistä, jotka ovat jalostukselle tärkeitä, kuten luonne tai puutteelliset käyttöominaisuudet. Myös rotumääritelmän vastaiset virheet olisi hyvä tuoda avoimesti esille.

**Jalostusneuvonta ja Pevisa**

Suurelle osalle koiraroduista on määritelty Pevisa, joten isolle joukolle eri rotuja perinnöllisten vikojen ja sairauksien tutkiminen on pakollista. Tarkoituksena on siis sulkea pois jalostuksesta sairaita koiria terveystutkimusten perusteella. Kasvattajan tulee muistaa käyttää koiransa
tutkimuksissa ja varmistaa myös se, että sillä uroksella, jolla narttu astutetaan, on tutkimukset ajan tasalla. Silmälausunto ei saa olla päivääkään yli sen sallitun voimassaoloajan. Jos näin käy, voi pentujen rekisteröiminen olla hankalaa ja jopa mahdotonta. Kasvattajan tulee tietää oman rotunsa Pevisasta ja huolehtia, että myös uroksella on kaikki tarvittavat tutkimukset tehty.

Rotuyhdistysten jalostusneuvojat ovat myös kaikkia varten. Aloittelevien kasvattajien olisi hyvä käyttää heitä hyväkseen, ja saada heiltä tietoa urosvaihtoehdoista. Neuvojilta voi pyytää urossuosituksia. Myös se helpottaa kasvattajaa valintoja tehdessä.

## Sukutaulut

Urosvalintoja tehdessäsi tutki urosten sukutauluja tarkkaan. Katsele sukutaulujen koirat lävitse ja tarkasta niiden tuloksia, terveyttä ja muita jälkeläisiä. Suomessa Kennelliitolla on jalostustietokanta internetissä josta pääsee tutkimaan koiran sukutaulua 8. sukupolvessa.

*Katson sukuja suunnilleen sen verran kuin KoiraNet –jalostustietokannasta löytyy. Merkittävimpinä pidän kuitenkin noin neljää/viittä polvea taaksepäin, ja niiden osalta katson, että sukusiitoskerroin pysyy mahdollisimman alhaisena. jos kerroin nousee esimerkiksi lähemmäs kolmea, tarkistan minkä koirien osalta se kertyy. Jos kerroin muodostuu linjattavan arvoisista koirista, saatan tehdä yhdistelmän, mutta en tee, jos kertauttava koira ei ominaisuuksiltaan ole todella hyvä ja erityisesti terve. Mustien mopsien kohdalla kiinnitän huomiota mustien vanhempien ja esivanhempien osuuteen perimässä: mitä enemmän mustaa on takana, sitä vahvempi väri. Mustien mopsien jalostuksessa täytyy myös kiinnittää erityistä huomiota luuston vahvuuteen, sillä jostakin syystä väri tuntuu olevan ainakin jossakin määrin yhteydessä luuston rakenteeseen. Massaa haen, kun teen mustaa yhdistelmää.*
*Yritän sukutauluja katsoessani myös palauttaa mieleeni kaikki sieltä tunnistamani koirat ominaisuuksineen, virheineen ja ehkä myös sairauksineen, jotta osaan arvioida, kuinka suuret periytymismahdollisuudet ovat tulevassa pentueessa. Jos koiralla on silmien, polvien tai lonkkien osalta tutkimustuloksia, ilahdun suuresti, koska ne auttavat minua miettiessäni tulevia yhdistelmiä. Jos sukutaulusta löytyy vanhempia, joita on enemmänkin*

*käytetty jalostukseen, yritän myös selvittää sen, minkälaista
"jälkeä" on syntynyt. Pelkät tittelit eivät vielä kerro koirasta
mitään periyttäjänä.
Mopsikanta ei moneen muuhun rotuun verrattuna ole
Suomessa kovinkaan mittava. Rodussa on, varsinkin
menneinä vuosina, käytetty melko paljon siitosmatadoreja,
joiden nimet vilahtelevat yhden jos toisenkin nykykoiran
sukutauluissa. Pentuetta suunnitellessani, yritän löytää
sellaisia linjoja, joita ei ole liikaa käytetty. Niiden avulla myös
tulevaisuuden jalostustyö onnistuu. Vielä ei olla tien päässä,
ja kasvattajalla on mahdollisuus omilla valinnoillaan
vaikuttaa rodun terveyteen ja jatkuvuuteen.*

  Sirkku Slip, Kennel Jitterpug,
  mopsi

*Liian kauas en tahdo ulkomuodollisia asioita katsoaja syynätä.
Katson tietysti keitä suvussa on, onko sitä tyyppiä jota haen
(ja ettei ihan veljeä siskolleen käytetä!). Yleensä
ulkomuodollisesti katson vain isovanhempiin saakka.
Toki kaikki kuvat katson, mutta en sitten välttämättä
niitä ota enää huomioon kuin ehkä marginaalisella
painoarvolla valinnassa. Enemmän katson
jälkeläisiä. Terveydellisissä asioissa syynään kaiken mitä on
tiedossa ja niiden tietojen perusteella koetan rakentaa
koirasta oman uuden kokonaisuuden.
Katson ehdottomasti myös, ettei ole matadoreja lähisuvussa.
Jos niitä on, niin pitkällä aikavälillä - hyvillä jälkeläisillä
- ja matalalla jatkokäytöllä.*

  Bettina Salmelin. Kennel Watercubs
  newfoundlandinkoira

## Viennit ja Tuonnit

Koiria kuljetetaan paljon yli Suomen rajojen ja EU:n myötä koirille tuli pakollisiksi lemmikkieläinpassi. Se tulee olla kaikilla koirilla jotka kulkevat eri EU-maiden välillä. Passin tarkoituksena on helpottaa koirien kuljetusta EU maiden välillä ja sen avulla myös osoitetaan, että eläin täyttää kaikki kriteerit joita kuljetus vaatii. Passin voi ostaa eläinlääkäriltä, joka tekee kaikki merkinnät passiin. Ennen passin myöntämistä koiralta tarkastetaan tunnistusmerkintä. Tunnistusmerkintä täytyy myös olla koirassa ennen raivotautirokotteen antamista.

Koiraa voi tuoda tai viedä kahdella eri tavalla, joko matkustajan kanssa tai ilman saattajaa. Helpompi ja edullisempi tapa on matkustajan kanssa. Jos koira kulkee ilman matkustajaa tai se on tarkoitettu luovutettavaksi tai myytäväksi uudelle omistajalle, sen tulee noudattaa kaupallisen tuonnin ehtoja.

Eri maihin on eri säännökset, jotka saattavat muuttua vuosittain. Näin ollen aina tulee tarkistaa vienti ja tuonti ohjeet Ruokaviraston sivuilta.

> *Minulta meni yksi pentu viime pentueesta Tallinnaan.*
> *He hakivat pennun meiltä. Pennulle oli hankittu lemmikkipassi, siru. Rabiesta ei niin nuorelle tarvittu. Laitoin varalta mukaan itse tehdyn todistuksen ettäpennut ovat kasvaneet meillä eivätkä ole olleet villieläinten kanssa tekemisissä. Näin ollen viennissä ei ollut ongelmia.*
> *Vientitodistus:*
> *I, the undersigned, certify that the animal with microchip/tattoo no_____ was born and has been kept since its birth at my facility and has not been in contact with any wild animals.*
> *[paikka, päivämäärä ja kasvattajan allekirjoitus]*
>    *Aino Räsänen, Kennel Black Jade's*
>    *skotlanninhirvikoira*

*Meiltä on myyty pentuja Ranskaan, Tanskaan, Norjaan, Ruotsiin, ja Kanadaan. Ensisijaisesti kun ulkomaalainen ostaja lähestyy sinua, on varmistuttava kenen kanssa olet tekemisissä. On aina eduksi jos on joku, joka on aiemmin tehnyt yhteistyötä tämän tahon kanssa. Selvittele taustat todella huolellisesti. Etsi tietoa netistä katsoen kuvia, analysoiden mahdollisten pentueiden toteutusta jne. Luota intuitioosi!*
*Meiltä oli ostatellut pentua eräs ulkomaalainen kasvattajaksi haaveileva perhe. En tuntenut heitä, eikä kukaan kaveri, tai tuttavakaan tuntenut heitä. Sivuutin heidän ostoyritykset vuosi toisensa perään. Kunnes eräänä kesänä he ottivat taas yhteyttä. He olisivat tulossa Suomeen varta vasten meihin tutustumaan. He ottaisivat oman koiransakin mukaan, jotta voisin tutustua myös siihen. Palkkasin tulkin, koska halusin saada päivästä kaiken irti, halusin että he voivat puhua myös omalla äidinkielellään. Päivä oli ikimuistoinen, ihmiset aivan ihania. Tästä innostuneena möin heille ja heidän tuttava perheelleen pennun. Perheiden miehet tulivat pentuja hakemaan keskellä talvea jolloin pakkasta oli miltei -30. Se oli ikimuistoinen päivä. Joten, mikäli ostaja jota et tunne on tosissaan, hän kyllä tekee kaikkensa että tunnet luottamusta heihin. Tällaisiin suhteisiin kannattaa panostaa!*
*Sitten on taas tapaus Australia. Sieltä oltiin kiinnostuttu ostamaan meiltä pentuja jo kauan. Olin asiaa mietittyäni päätynyt siihen etten myy, koska Australiaan myydessä pennun täytyy olla kasvattajalla 9kk ikään saakka, ja se viettää tämän jälkeen kauan aikaa Australian karanteenialueella. Näin ollen päätin etten myy.*
*Meni vuosi ja pihallani seisoi Australiasta meille kylään tullut eläinlääkäri. Hän halusi tulla paikan päälle esittäytymään. Hän etsi pentua myös kaverilleen joka asuu myös Australiassa ja kasvattaa rotua.*

> *Päivästä tuli ikimuistoinen, mutta kaikesta huolimatta päätin olla myymättä. Joskus kasvattajan tulee seurata sisäistä järjen ääntään. Itselle tässä tilanteessa niitä ongelmakohtia oli kolme: 9kk ikään pitäminen, karanteeni, sekä kyseisen maan ilmasto. Euroopan maista Tanska on ihana pennun myynnin kannalta. Sinne saa lentää 8-viikkoisen pennun kanssa. Myös Kanadaan saa pennun kanssa lentää pennun ollessa 9 viikkoa. On täysin järjen vastaista että kasvattaja joutuu pitämään pentua liki 4kk ikään saakka. Siinä menetetään monia tärkeitä ajanjaksoja jolloin pennun kuuluisi jo olla uudessa kodissaan. Tämä vaatii kasvattajalta paljon. Pentua on sosiaalistettava ja koulutettava.*
> Henna-Riikka Backman, Kennel Jarfa's
> suomenlapinkoira

## Uroksen etsintä

Pidä silmät auki jo siinä vaiheessa kun vasta haaveilet kasvattamisesta. Aina kun käyt näyttelyssä tai kokeessa katsele uroksia "sillä silmällä". Katsele mistä itse pidät ja tee tuttavuutta ihmisten kanssa.

Usein myös internet on hyvä apuväline kasvattajalle. Sieltä löytyy kuvia ja tuloksia. Muista kuitenkin että kuvia on saatettu käsitellä, mutta netin avulla saat selville paljon koirasta, ja sitä kautta pystyy myös ottamaan yhteyttä omistajiin, jopa ulkomaalaisiin. Kysele urosten terveydestä, tutki sukutauluja. Listaa oman narttusi hyviä ja huonoja puolia, sekä katsomiesi urosten hyviä ja huonoja puolia. Katso kuinka ne sopisivat toisilleen.

Myös rodun jalostustoimikuntaa kannattaa käyttää hyväkseen, sillä he ovat sinua varten. Mieti myös jos valitsemallasi uroksella on jo hurja määrä jälkeläisiä, kannattaako käyttää samaa urosta. Miksi et käyttäisi kyseisen uroksen jälkeläistä? Samat nimet sukutauluissa pienentävät geenipohjaa tulevaisuudessa.

Kun olet tehnyt päätöksen uroksesta, ei muuta kuin yhteyttä ottamaan. Muista kuitenkin että uroksen omistajalla on oikeus kieltäytyä, eikä siitä tarvitse loukkaantua. On hyvä, että myös urosten omistajat haluavat vaikuttaa siihen, kenelle koiraansa antavat käyttöön ja kuinka monelle nartulle haluavat urosta käytettävän.

Mieti myös kakkosvaihtoehto urokselle, jos haluat välttämättä astuttaa juuri tästä juoksusta. Joskus voi käydä myös niin, että uros estyy jostain syystä astumaan narttusi. Syitä voivat olla esimerkiksi sairastuminen, kuoleminen tai uroksen kokemattomuus. Toinen vaihtoehto voi olla esimerkiksi ensimmäisen uroksen jälkeläinen tai uros, jolla olit ajatellut astutettavan nartun seuraavaksi.

Jos urosvalintasi asuu ulkomailla, muista hoitaa tarvittavat asiakirjat, kuten esimerkiksi Ruotsiin rabieksen vasta-ainetesti. Jos siis astutat ulkomailla, kannattaa miettiä mahdollisuutta kaksoisastutukseen. Siinä sekä narttu että molemmat urokset ja pennut DNA-testataan nartun omistajan kustannuksella. Näin on mahdollista saada kaksi eri yhdistelmää yhdellä kerralla. Tietenkin on myös mahdollisuus, ettet saa kuin yhden uroksen pentuja tai mahdollisesti yhtä sukupuolta, mutta ainahan kasvatuksessa ja pennutuksessa on riskinsä.  siis pennut voivat olla kahden eri uroksen, ja pennut myös rekisteröidään

DNA-tulosten perusteella sille isälle, jonka ne ovatkin. Näin ollen saat mahdollisesti kaksi eri yhdistelmää yhdestä pentueesta.

*Nyt olemme kahdelle nartulle etsineet uroksia lähemmäs vuoden verran, pentueiden olisi tarkoitus syntyä vuoden päästä. Eli runsaasti ennen ajankohtaa. Näin ehtii todellakin etsiä sen parhaan, käydä tarkastamassa etukäteen ja olla ihan täysin varma valinnasta. Ilman hoppua!*
*Etsin urosta netin kautta, kasvattajien kautta ja tietysti näyttelyistä. Netistä (jokaisen maan jokainen kennel systemaattisesti läpi) etsin kauniita koiria (työskentelyn puolesta niitä kun harvemmin löytyy.) Lisään linkkeihin ja sitten ajan kanssa katson onko sopiva terveytensä, sukunsapuolesta. Omistajilta myöhemmin kyselen luonteesta ja "työkyvykkyydestä".. Apuna suvun tarkistamiseen käytän ihan perus googlea, koiranettia (monen eri maan), offa.org, newfoundlanddog-database.net. Ystäviltä kyselen, sitten kun on valittu, tiedetäänkö niistä mitään. Näyttelyissä tarkastelen koirien jälkeläisnäyttöä, koiria itseään ja tietysti sukulaisia, ennen kun otan yhteyttä koiran omistajiin.*

Bettina Salmelin, Kennel Watercubs,
newfoundlandinkoira

*Rodun kotimaasta tuodut koirat ovat yleensä tyypiltään parempia, ja niitä pidetään arvokkaina. Sukutauluista katson mitä tuontikoiria/kotimaisia/naapurimaisia koiria löytyy, onko kyseessä olevaa sukua Suomessa jo paljon, kuinka paljon pentueita koirilla on, minkä värisiä ne ovat, millaisia pentuja koirilla on jo ennestään. Katson myös esimerkiksi sisaruksia, koska rodun kanta on täällä pieni ja yksittäiset koiratapaukset yleensä tietää jotenkin.*

Meri Pistokoski, Kennel Monokuro
shibat

> *Uroksen esintä aloitetaan koetulosten perusteella. Kyseessä on kuitenkin puhtaasti käyttökoira, joten ensisijaisen tärkeää on koiran toimiminen metsästyksessä. Käydään läpi edellisiä vuosikirjoja sekä koetuloksia. Varhaiskypsyys metsällä kertoo siitä, että koiralla on taidot perimässä, joten tulokset on hyvä ollut ajaa nuorena. Tämän jälkeen käymme läpi suvun ja siellä esiintyvät rasitteet. Pyrimme etsimään uusia käyttämättömiä tai vähän käytettyjä uroksia ja välttämään ns. muotiuroksia.*
>
> Katja Piiroinen, Kennel Tulisydämen
> dreeveri

**Sperman kerääminen**

Kun uroksesta on tarkoitus lähettää spermaa ulkomaille, kannattaa asioihin paneutua huolella. Eri maissa on varsin erilaisia säädöksiä maahan viennin suhteen. Kaikki alkaa siitä että urokselle varataan aika klinikalta joka kerää, ja säilyttää spermaa. Suomessa tämä on keskittynyt Vantaalle, Opvet, opaskoirakouluun, ja Reprovet, Turkuun. Toki myös muita pienempiä Suomessa saattaa olla. Klinikalla urokselta kerätään sperma, jonka jälkeen se analysoidaan, ja koepakastetaan. Tällöin sen todellinen laatu voidaan määritellä, ja kuinka se kestää pakastamisen.

Tämän koepakastuksen jälkeen uroksen omistajalle tulee raportti spermanlaadusta, ja myös ohjeet keinosiemennykseen. Yhdellä keruulla voidaan saavuttaa jopa 10 olkea, ja siitokseen tarvittava määrä on 2-3 olkea per narttu / pentue.

Riippuen kohdemaasta, uros saatetaan joutua testaamaan tarttuvien tautien varalta. mm Australiaan on seuraavanlainen käytäntö: 30-45vrk spermankeruusta täytyy ottaa kolme eri verikoetta. Brucella Canis, Leptospira, ja Leishmania. Näistä täytyy olla viralliset .

dokumentit viranomaisille.Kun kaikki on selvää, noutaa firma lentopaketin, ja toimittaa sen kohdemaahan. Meillä Suomessa on useita eri firmoja jotka hoitavat spermankuljetuksia klinikalta suoraan lentokentälle. Riippuen kohdemaasta, toimituskulut voivat olla todella kalliita. mm Australiaan toimituskulut ovat 1000€ luokkaa.
Ennen toimenpidettä kannattaa selvittää todelliset kulut keräyksestä ja toimittamisesta sekä mitä pentuekorvauksia uroksen omistaja vaatii. Summa on hyvä antaa varsinkin ulkomaille ns. könttäsummana, jonka ostaja maksaa toimenpiteestä.
Nykyään ei ole enää harvinaista että uroksen omistaja tai kasvattaja kerää tietystä uroksesta spermaa talteen. Koskaanhan ei voi tietää vuosien päähän, jos vaikka sattuu tapaturma. Keruu tapahtuu samalla tavalla, ja klinikat veloittavat pääsääntöisesti kerran vuodessa säilytyskulut. Sperman säilyttäminen maksaa noin parikymppiä per kuukausi. Myös pidempään säilyttäminen on halvempaa kuin ensimmäinen vuosi.
Kun pakastespermaa käytetään, esimerkiksi täällä Suomessa, täytyy narttu aina tarkkaan tutkia progesteronin suhteen. Mikään klinikka ei mielellään siemennä narttua mikäli tätä määritystä ei ole tehty. Keinosiemennystä voidaan tehdä huomattavasti myöhempään kuin normaali astutus tapahtuu.

## MUISTILISTA ENNEN ASTUTUSTA

1. Mitä pidät tärkeänä yhdistelmässä ja missä järjestyksessä?
2. Täydellistä koiraa tai yhdistelmää ei ole olemassa, mistä asioistaolet valmis tinkimään?
3. Tunne koirasi ja yhdistelmäsi sukutaulut ja mieti mitä haet.
   Varsinkin jos linjaat, tunne koira johon linjaat.
   Mitä se on jättänyt jälkeensä.
4. Tutustu rotuusi!
5. Osaa perustella pennun hankkijoille jos he kysyvät mitä haet yhdistelmältä.
6. Tee pentueita joista olisit itse valmis ottamaan pennun

## Juoksut ja astutus

Kaikilla nartuilla kiima ei tule säännöllisesti ja useimmiten kun kasvattaja on päättänyt koiransa astuttaa seuraavasta juoksusta, tuntuu kuin koira tahallaan pihtailisi juoksuaan.

> *Yksi nartuistani sai ensimmäisen juoksunsa vasta hieman alle 3-vuotiaana, mikä hermostutti, vaikkei se ennenkuulumatonta vinttikoirilla olekaan.*
> *Se astutettiin toisesta juoksusta ja*
> *sai 9 pentua ja oli loistava äiti*
> Micaela Lehtonen, Kennel Qashani
> saluki

Toisilla nartuilla taas on luonnostaan jopa 1,5 vuoden välit kiimojen välillä tai mahdollisesti ensimmäinen kiima-aika tulee vasta kolmen vuoden iässä.

Kun juoksujen pitäisi mielestäsi alkaa, kannatta kiiman alkua ottaa kiinni esim. pyyhkimällä paperilla. Normaalisti parhaat "tyrkkypäivät" eli päivät jolloin narttu antaa astua on 9-13 päivää juoksun alkamisesta, mutta täysin tavatonta ei ole koira jonka astutus päivät oli 7 vrk juoksun alusta tai toisaalta joku voi olla valmis vasta 25 vrk juoksun alusta. Nartulle tulisi antaa ensimmäinen matolääkitys ennen astutusta, sillä se on herkempi saamaan matoja tiineyden aikana.

Muista ilmoittaa heti juoksun ensimmäisenä päivänä uroksen omistajalle juoksujen alkaminen, ja varaa aikaa astuttamiselle. Parasta olisi, että pystyisit astuttamaan koiran useampana päivänä. Kiireessä ei välttämättä onnistu. Mene siis ajoissa, etteivät parhaat päivät ole jo ohitse, sillä yleisin syy nartun tyhjäksi jäämiseen on väärä astutusajankohta. Ajankohdan voi myös varmistaa uroksen ja nartun käyttäytymisestä. On myös olemassa progesteronitestejä, joilla oikeat päivät voidaan todeta. Testi kertoo milloin ovulaatio tapahtuu. Ovulaatio tapahtuu, kun progesteronipitoisuus saavuttaa 5- 6 (10) ng/ml. Useimmat laboratoriot ja eläinlääkärit suosittelevat astuttamaan nartun, kun progesteronipitoisuus on 5-10 ng/ml, keinosiemennettäessä kyseinen suositusarvo on tuorespermaa käytettäessä 10-15 ng/ml. Kohdunkaula sulkeutuu progesteronitasolla 15–25 ng/ml, ja tämän jälkeen astutus tai keinosiemennys emättimeen eivät johda tiineyteen.

Astuttamisesta voi tulla joskus myös nartulle kohtutulehdus tai kohtuun saattaa kertyä nestettä, jolloin narttu jää myös yleensä tyhjäksi. Myös urokselle saattaa aiheutua astumisesta virtsatulehdus, joka saattaa vaikuttaa uroksen myöhempään kiinnostukseen astutuksessa.
On myös sellaisia tapauksia, että narttu on tullut tiineeksi, ja ensimmäisellä kerralla pentuja on näkynyt, mutta ne ovat myöhemmin mystisesti kadonneet ja imeytyneet emän verenkiertoon.

## Herpesvirus
Usein herpesvirus on syynä pentukuolemiin ja keskenmenoihin. Herpesinfektio ei ole suoraan vaarallinen aikuiselle koiralle, mutta syntymättömät pennut voivat saada tartunnan istukan kautta ja heiketä nopeasti. Seurauksena voi olla myös pienten ja heikkojen pentujen syntyminen. Nämä saattavat kuolla ensimmäisten elinpäivien aikana.

Emän rokottaminen pienentää merkittävästi riskiä, että pennut sairastuvat tai kuolevat herpesinfektion vuoksi.
Narttu tulee rokottaa herpestä vastaan kaksi kertaa jokaisen juoksun/tiineyden aikana. Sekä sairastuneet että terveet nartut voidaan rokottaa.
Ensimmäinen rokotus annetaan nartulle juoksun alusta, ennen kuin astutuksesta on kulunut 10 vuorokautta.Toinen rokotus annetaan 1-2 viikkoa ennen synnytystä.

Kannattaa ajoissa kysyä eläinlääkäriltäsi rokotuksen saatavuudesta, sillä viimevuosina sen saaminen on ollut epävarmaa.

---

*Tämä pentujen imeytyminen verenkiertoon ei ole mitenkään harvinaistakaan. Viimeksi näin kävi äitini mäyräkoiranartulle tänä kesänä - osa pennuista imeytyi, kaksi syntyi, toinen tosin kuolleena mutta toinen hyvin reippaana ja lupaavana.*
*Micaela Lehtonen, Kennel Qashani,*
*saluki*

---

*Astutin syksyllä 2007 narttuni 6,5 v, jolla oli ennestään yksi 5 pennun pentue. Nartullani vuoto oli äärimmäisen pieni, eikä takapuoli turvonnut ollenkaan. Silmillä ei siis erottanut, että koiralla olisikaan juoksuja. Enkä uskonut että sillä edes niitä on, kun menin 10. päivä ensimmäisestä ja ainoasta veritipasta laskettuna uroksen luokse. Narttuni oli kuitenkin hyvin kiinnostunut ja astutus onnistui 11. päivänä. Tämä päättyi kuitenkin niin, että 17 päivää astutuksesta alkoi narttuni vuotaa vaalean ruskeaa ja sameaa nestettä, nosti kuumeen sekä oli selvästi huonovointinen, ei syönyt eikä juonut ja vain makasi. Saimme antibioottikuurin ja ultrassa näkyi, että narttu olisi hyvin todennäköisesti tiine.*
***Kuitenkin tiineys päättyi keskenmenoon,***
***onneksi ilman sen suurempia komplikaatioita***
*Emilia Honkanen, Kennel Viribus Unitis,*
*akita*

---

Keinosiemennystä käytetään useimmiten silloin, kun uros asuu todella suuren välimatkan päässä.
Myös silloin keinosiemennystä käytetään, jos uros ei astu tai ei pysty astumaan, ja kyseistä urosta halutaan

ehdottomasti käyttää. Joskus myös jo kuolleen uroksen spermaa on pakastettu, ja näin on saatu vanhaa geenipohjaa uudelleen käyttöön. Yleensä narttu viedään uroksen luokse astutusmatkalle, joten muista siis sopia ajoissa asioista kuten missä sinä yövyt, missä koirasi yöpyy ja jos narttusi jää uroksen luokse hoitoon, sovi nartun hoitokustannuksista. Jos nartun omistaa kaksi tai useampi ihminen kaikkien tulee allekirjoittaa paperit ja tällöin pentue tulee kaikkien nimiin. Myös uroksen kaikki uroksen omistajat pitää allekirjoittaa astutussopimus ja muut paperit.

Jos nartulla on useampi omistaja, mutta pentue tulee vain yhden ihmisen nimiin tai yhden kennelin nimiin tulee nartun pennutuksesta tehdä jalostusoikeudensiirto tälle henkilölle ennen astutusta. Helpoiten tämä tapahtuu jos omistajat ovat kennelliiton jäseniä ja heillä on omakoira-tunnukset. Omakoiran kautta sopimusasiat hoituvat helpoiten. Jos joku omistajista ei kuitenkaan ole kennelliiton jäsen tulee asia hoitaa paperitse.

Joskus narttu on liian suuri urokselle, se on liian pieni tai mahdollisesti uros ei vain osu oikeaan kohtaan. Silloin ihmisen on autettava. Korokkeet, kuten luonnon omat korokkeet tai mattorullat tai muut vastaavat voivat toimia korokkeina. Toiset myös pitävät koiria kiinni astumisen aikana, toiset taas antavat luonnon hoitaa asian. Jos uros ei osu oikeaan kohtaan, osa kasvattajista ohjaa jopa itse kädellään.

Kun koirat ovat kiinni toisissaan, olisi kuitenkin turvallista pitää koirista kiinni, jotta narttu ei pääsisi istumaan tai liikkumaan ja näin satuttaisi urosta.

Jos joku uros on päässyt vahingossa astumaan narttusi, ota yhteys eläinlääkäriin, joka voi jälkiehkäistä tiineyden

---

*Hyvä esimerkki koosta on kun urokseni luokse tuli narttu, joka oli selkeästi pienempi. Uroksella oli kova yritys astua, mutta ei vaan sattunut oikeaan suuntaa. Lopulta lähdimme läheiseen metsään, jossa koirat saivat hyödyntää metsän muotoja ja astutus onnistui hyvin.*
    *Katja Piiroinen, Kennel Tulisydämen*
    *dreeveri*

---

*Urokset astuvat täysin itsenäisesti todella harvoin. Yleensä tarvitaan "parittaja", joka pitää uroksen nartun selässä, kunnes ne ovat kunnolla kiinni.*
    *Sirkku Slip, Kennel Jitterpug*
    *mopsi*

*Jälkiehkäisystä minulla on kolme kokemusta.*
*Vuosia sitten äitini kaksi mäyräkoiraa onnistuivat*
*pariutumaan - minun piti vahtia niitä ja luulin onnistuneeni,*
*kunnes 2,5 viikkoa ennen synnytystä huomasimme tiineyden.*
*Kaiken muun lisäksi kyseessä oli äiti ja poika...saivat 4 pentua,*
*yksi koukkuhäntä, yhdellä luonnevika, yhdellä kivesvika, 1 ok.*
*Pidin itse kaksi, luonnevikaisen (joka kotosalla kyllä oli ihastuttava*
*kunnes sen "paniikkihäiriöt" pahenivat ja jouduin lopettamaan*
*sen 7-vuotiaana), sekä kivesvikaisen (ihana sekin).*
*Samainen pariskunta onnistui pariutumaan uudelleen 3 vuotta*
*myöhemmin, jolloin nartulle annettiin vanhan ajan katumuspiikki,*
*joka aiheutti sille vakavan kohtutulehduksen, josta se kuitenkin*
*leikkauksella selvisi.*
*Omassa laumassa tapahtui vahinkoastuminen vastikään,*
*käytin tällä kertaa uutta Azilinea, turvallisempaa katumuspiikkiä.*
*Yhdistelmä oli kyllä mieluinen, mutta ajankohta täysin väärä.*

Micaela Lehtonen, Kennel Qashani,
saluki

Astutustilanteessa kirjoitetaan astutussopimus ja viimeistään tällöin myös sovitaan maksuista. Toki maksuista olisi hyvä puhua jo etukäteen, ettei kenellekään tule vasta astutustilanteessa yllätyksiä asiasta. Jos hyppyraha on sovittu, se voidaan maksaa samalla, tai mahdollisesti kun tiedetään, onko astutus onnistunut. Nämä asiat ovat uroksen omistajan kanssa aina yhteisiä sopimuksia. Kaikki eivät hyppyrahaa ota, joten sopikaa ajoissa. Loput pentuemaksusta maksetaan vasta pentueen synnyttyä.

## MUISTILISTA ASTUTUKSEEN

1. Jos narttu on useamman henkilön nimissä ja pentue tulee vain yhden nimiin, muista tehdä jalostusoikeuden siirto ennen astutusta. (alaikäisen kanssa siirron tekee toinen huoltaja)
2. Ilmoita juoksujen alkamisesta uroksen omistajalle välittömästi.
3. Sovi astutusmaksuista ennen astutusta
4. Madota narttu ennen astutusta.

**Tiineys ja valeraskaus**

Nartun käyttäytyminen muuttuu usein tiineyden aikana. Toiset syövät normaalia enemmän, toisille taas ruoka ei maistu, rauhallisuus ja unisuus sekä hellyydenkipeys ovat merkkejä tiineydestä. Oireita voi kuitenkin olla, vaikka narttu olisi jäänyt tyhjäksi, sillä narttu voi olla valeraskaana. Koira toimii valeraskaudessa rauhattomasti, se vinkuu ja käyttäytyy kuin tiine tai juuri pentuja saanut emä. Se saattaa hoitaa leluja pentuinaan ja nisistä tulee maitoa. Tämä on melko yleinen hormonaalinen häiriö, joka menee ohitse yleensä itsestään. Usein kasvattajat pyrkivät kääntämään nartun ajatukset pois leluista pitkillä lenkeillä sekä muulla aktivoimisella.

*Valeraskautta on ollut muutamaan kerran, tyhjäksi ei ole jäänyt.*
*Valeraskauksia oli vain nappula-ajalla lähes joka juoksusta.*
*Jos meinasi tulla, niin narttu vietiin erityisen pitkälle lenkille.*
*Seuraavana päivänä koira oli niin väsynyt, ettei se jaksanut ulvoa pihalle katsomaan "pentuja" keskellä yötä.*
*Se oli rasittavaa aikaa. Nykyään ruokimme koiria raakaruokinnalla (barf) eikä tätä ongelmaa enää ole.*
  Bettina Salmelin, Kennel Watercubs
  newfoundlandinkoira

Yleensä 2-4 viikkoa astutuksesta nisät punoittavat ja turpoavat. 4 viikkoa astutuksesta koiralle tulee mahdollisesti muutaman päivän pahoinvointi, jolloin narttu ei syö kunnolla, läähättää ja tärisee. Tästä toivuttua nartun ruokahalu palaa, ja se syö normaalisti. Useampi pentu emän vatsassa alkaa näkyä jo mahdollisesti 5 viikkoa astutuksesta. Tässä vaiheessa, tai jopa hieman aiemmin, nartun ruokavalio tulisi muuttaa energiapitoisemmaksi. Nartun voi käyttää ultrassa 28-30 päivää astutuksesta jolloin nartun kantavuus voidaan todeta. Varsinkin jos nartulla on ollut taipumus tehdä pieniä pentueita, kannattaa ultrassa käydä, sillä pentu saattaa kasvaa liian suureksi, jolloin normaalisynnytys voi olla hankala, ja joudutaan turvautumaan keisarinleikkaukseen. Tällaisessa tapauksessa narttu kannattaa käyttää lopputiineyden aikana myös tiineysröntgenissä n. 59 vrk astutuksesta varmistamassa pentujen määrä.

Tiineen nartun kanssa saa liikkua aivan kuten ennenkin. Nartulle on hyväksi pysyä kunnossa tulevaa koitosta ajatellen. Kuitenkin rankat pyörälenkit voi jättää väliin, varsinkin tiineyden loppuvaiheessa.

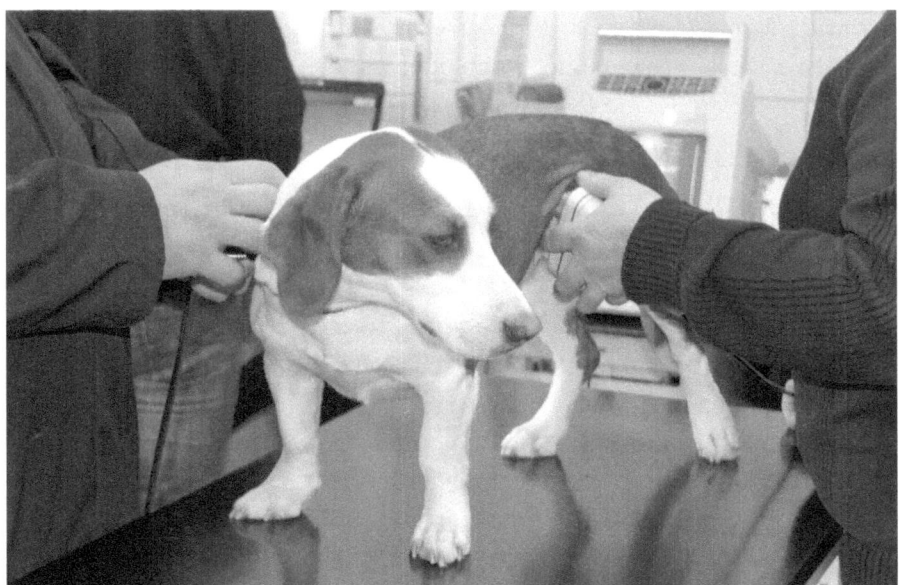

Paras aika suorittaa tiineysultra on suorittaa se 28-31 vrk viimeisestä astutuksesta.

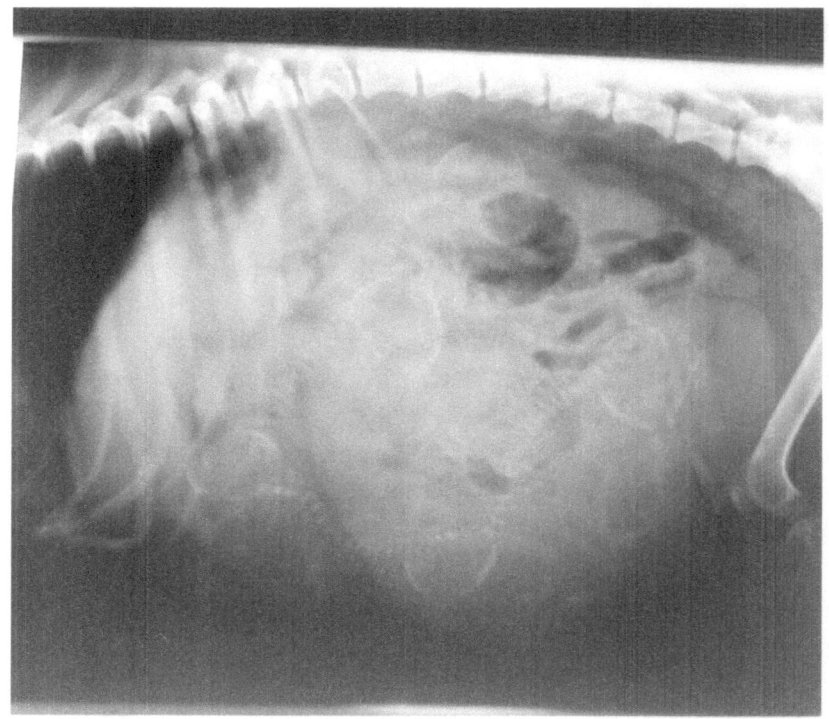

Tiineysrentgenissä nähdään pentujen lukumäärä tarkemmin, jolloin kasvattaja tietää kuinka moneen pentuun varautua. Tämä suoritetaan yleensä n. 59 vrk astutuksesta.

---

**MUISTILISTA TIINEYTEEN**

1. Ultraa narttu 28-30 vrk astutuksesta (viimeisin astutuspäivä)
2. Kun narttu on kantava se madotetaan 40-42 vrk astutuksesta
3. Ruokintaa lisätään n.10% 5 viikon aikana ja se olisi hyvää jakaa useampaan kertaan päivässä. 6 tiineysviikolla vaihdetaan ruoka vahvempaan penturuokaan.
4. Tiine narttu voi liikkua normaalisti, tosi kaikkein fyysisimmät lajit kannattaa jättää tauolle.

## Valmistautuminen synnytykseen

Pentulaatikko on hyvä ottaa ajoissa esiin, jotta narttu pääsee tutustumaan siihen hyvissä ajoin.
Hyvä pentulaatikko on tarpeeksi suuri ja pestävä. Alle sopii pressu, muovimattoa tai vastaava helposti puhdistettavaa materiaalia, joiden päälle laitetaan sanomalehtiä, pyyhkeitä, peittoja tai mitä itse kukakin tykkää käyttää. Materiaalin tulee kestää petauksen ja oltava helposti vaihdettavaa ja puhdistettavaa. Myös suurten ja pienten rotujen pentulaatikoilla on eroa, sillä suurille roduille tulee tehdä laatikon reunoille laudat, jotka estävät emää makaamasta pentuja kuoliaaksi.
 Muista myös pentulaatikkoa sijoittaessasi, että saatat haluta nukkua sen vierellä jonkin aikaa. Synnytystä varten täytyy varata paljon apuvälineitä. Ennen synnytystä kannattaa esimerkiksi tehdä valmiiksi ns. synnytyslaatikko, johon keräät tavarat valmiiksi. Laatikko on helppo ottaa esille kun synnytys käynnistyy.

Synnytyksen aikana saatat tarvita:
- Pyyhkeitä ja lisää pyyhkeitä
- Paljon sanomalehteä (tarvitset niitä myös pentuaikana)
- Sakset
- Kestävää narua
- Talouspaperia
- Keittiövaaka
- Muistiinpanovälineet
- Eläinlääkärin puhelinnumero
- Kuumemittari
- Roskasäkki
- Kello
- Desinfiointiainetta

Varaa itsesi lisäksi joku toinen ajokortillinen henkilö mukaan synnytykseen, sillä saatat joutua lähtemään eläinlääkäriin kiireesti. Muista myös ilmoittaa eläinlääkärille laskettuaika ja kysyä, minne mennä jos hätä tulee.

Nartulle voi myös keittää lihalientä energiaa antamaan tai varata kutunmaitoa, joka käy myös pennuille maidonkorvikkeena. Lihaliemen voi itse keittää usean tunnin ajan esimerkiksi häränhännistä. Varaa myös kamera lähettyville, voi olla että haluat ottaa valokuvia. Nutriplus-geeli antaa lisää energiaa synnytykseen, jos emä ei suostu juomaan mitään. Juomaksi voi tarjota myös vettä, jonka sekaan on lisätty hunajaa sekä kananmunan keltuainen, useimmat suostuvat juomaan tätä.

*Pentulaatikko on itse rakennettu kaksiosainen laatikko, jonka väliseinän saa pentujen varttuessa nostaa pois. Reunat ovat korkeat, jotta pennut eivät pääsisi omia aikojaan karkuteille, ja yhdellä reunalla on salvalla lukittava luukku, jota kautta emo pääsee laatikkoon ja sieltä pois. Synnytystä varten on varattu sakset, lankaa, pyyhkeitä, talouspaperia, nielunputsausvälineet (vanupuikot ja nenäimuri), vaaka, lakanoita, kynää ja paperia sekä puhelin ja päivystysnumerot.*
Sirkku Slip, Kennel Jitterpug
mopsi

Tässä näkyy laatikossa olevat rimat, jotka estävät pennun jäämistä emän ja laitojen väliin.

Laatikon on hyvä olla rodulle tarpeeksi suuri, että emä mahtuu siellä myös oikaisemaan itsensä pitkäksi.

*Olen varannut synnytystä varten pentuaitauksen, pehmikkeet, vaseliinia/liukuvoidetta liukasteeksi tarpeen vaatiessa, kroonikkovaippoja, steriloidut sakset, desinfiointiainetta, muistiinpanovälineet, kertakäyttöhanskoja, talousvaa´an ja eläinlääkärin numeron josta tavoittaa aikaan mihin hyvänsä. Nuo ovat ainakin ne välttämättömimmät, varmasti jotain jäi puuttumaan...*
*On hyvä myös varata joku väline millä imeä pennun kurkusta/nenästä limat jollei hengitys lähde heti kulkemaan, esim. pikkulasten nenänniistäjä tai vaikka hädän tullen pipetti jostain ihmisten lääkeputelista*
    Kati-Maaria Tanttu, Kennel Metkumutkan
    tiibetinspanieli, estrelanvuoristokoira, griffon

*Varaudun etupäässä luottavaisin, mutta valppain mielin. Pyrin luottamaan narttuun enkä häslää liikaa ja siten hermostuta emää. Pentulaatikkona on Ikean muovinen sängyn alle tarkoitettu säilytyslaatikko. Se on helppo pestä ja desinfioida tarpeen vaatiessa, se on kevyt ja toisaalta en ole huolissani siitä että narttu jyräisi pennut alleen -> ei ole reunoja. Pitäisi varmaan tämä ottaa varmuudeksi huomioon, ettei pääse vahinko yllättämään, mutta en ole vielä saanut aikaiseksi väsätä puista laatikkoa reunoineen.*
*Synnytyksessä mukana on puhtaita pyyhkeitä, liinoja, muovihanskat, kuumavesipullo, villalankaa napanuorien leikkaamisen varalta, sakset, nartulle sokerivettä, pentulaatikko, vaaka, muistilehtiö ja kynä sekä eläinlääkärin numerolla varustettu kännykkä.*
    Meri Pistokoski, Kennel Monokuro
    shibat

*Meillä varustukseen kuuluu aina*
- *Puppybooster mahdollisia heikkoja pentuja varten. Hyllyssä on aina myös RC emonmaidonvastike.*
- *Glukoosisiirappia kaikenlaisten heikkouksien varalle, myös emälle sitä voi sipaista sormellisen kitaan jos tuntuu että se menee heikoksi.*
- *Lasten ns räkäletku, joka on ollut korvaamaton apu tilanteissa joissa pentu on imaissut limaa hengitysteihin.*
- *Puristin napaa varten. Meillä on pari kertaa sattunut tilanne jossa emo on puraissut napanuoran liian lyhyeksi. Tuo puristin on ollut hengenpelastaja monta kertaa. Sellaista voi kysyä esim. klinikalta, jos myisivät. Hätätilanteessa se voi olla mikä vain puristin joka tyrehdyttää verentuloa.*

    Henna-Riikka Backman, Kennel Jarfa's
    suomenlapinkoira

## Synnytys

Monet kasvattajat seuraavat synnytyksen alkua mittaamalla nartun lämmön. Yleensä lämpöä aletaan mitata 57 vuorokautta astutuksesta. Monesti lämmöt sahailevat ennen synnytystä hurjastikin, mutta vasta kun lämmöt putoavat alle 37 asteen tulisi synnytyksen alkaa 24 tunnin sisällä. Lämpöjen mittaamisen ongelmana kuitenkin on se, ettei tätä lämmön laskua aina saa kiinni. Synnytyksen alkamisen pystyy huomaamaan myös koiran käytöksen muuttumisena, Sillä se saattaa läähättää ja olla levoton.

Poikkeuksiakin löytyy, sillä jotkut koirat vain synnyttävät. Saattaa olla etteivät ne itsekään edes kunnolla ymmärrä mitä tapahtuu. Kun koiran käytös muuttuu levottomaksi, se aloittaa petaamisen ja tärisee, se tulisi ohjata pentulaatikkoon, jos se ei itse ole sinne ymmärtänyt mennä. Nartun seurana tulisi myös koko ajan olla jonkun, vaikka kaikki näyttäisikin menevän hyvin. On hyvä antaa emän hoitaa synnytys ilman apua, jos synnytys etenee normaalisti. Roduissa on kuitenkin eroja, joten kasvattajan tulee tietää mikä on omalle koiralleen ja rodulleen paras tapa. Kuitenkin jonkun on hyvä olla koko ajan synnyttävän emon vierellä tarkkailemassa tilannetta. Jotkut antavat emälle energiapitoista lihalientä tai kutunmaitoa. Jos synnytys etenee normaalisti ilman ongelmia, sinulle jää tehtäväksi seurata synnytystä, punnita pennut, kirjoittaa muistiinpanot ja ehkä myös kuvata.

---

*Viimeistä (jättisuurta kuollutta) ei emä olisi jaksanut työntää ulos enää kuuden pennun jälkeen. Oksitosiinilla se tuli helposti ulos. Synnytys oli pitkä, lähemmäs pari vuorokautta.*
   Bettina Salmelin, Kennel Watercubs
   newfoundlandinkoira

> *Ensimmäiset pennut syntyivät todella nopeasti,
> puoli tuntia ja viisi pentua. Pennut syntyivät tasan
> 63. raskauspäivänä, olin paria päivää ennen näyttänyt
> koiralle pentulaatikon ja sinne se 62. raskauspäivän illalla kömpi.
> Aamulla puoli viiden aikaan heräsin siihen, kun koira nuoli
> hännän tyveä. Kun menin katsomaan, ensimmäinen pentu
> oli jo syntynyt ja toinen jo tulossa. Puoli tuntia siitä viimeinen
> syntyi, kaikki meni hyvin, niin odotusaika, synnytys kuin
> pentujen hoitokin. Synnytyksessä jouduin hieman avustamaan,
> kun pennut tulivat niin nopeasti, ettei emä ehtinyt nuolla edellistä,
> kun uusi jo tuli. Joten minä kuivasin pennut pyyhkeellä sitä mukaa
> kun ne syntyivät.
> Toinen pentue ei ollutkaan niin helppo, vaan synnytys kesti
> reilut kaksi tuntia, mutta muuten siihen ei tarvinnut puuttua.
> Kolme viikkoa synnytyksestä emä sai maitorauhastulehduksen,
> jolloin imettäminen lopetettiin, ja aloin ruokkia pentuja
> äidinmaidonvastikkeella ja kermaviili-jauhelihamössöllä.*
>
> Tiina Tamminen, Kennel Sartimos,
> sarplaninac

On hyvä myös tunnistaa milloin synnytys ei etene kuten pitäisi. Sinun täytyy tietää, milloin tarvitaan eläinlääkäriä. Jos jonkun pennun jälkeen tuntuu, että supistukset heikkenevät ja tiedät, että pentuja on vielä tulossa, on hyvä ensiapu kävelyttää narttua. Kävelyttämisen ja portaiden kulkemisen pitäisi voimistaa supistuksia.

Joskus pentu voi olla liian suuri, huonossa asennossa tai jostain muusta syystä narttu ei saa työnnettyä pentua ulos asti, tulee kasvattajan osata auttaa pentu ulos. Vedä pentua supistusten mukana alaspäin. Jos mikään ei auta ota yhteys eläinlääkäriin. Joskus keisarinleikkaus on ainut keino pelastaa emo ja pennut.
Usein pentueeseen syntyy myös kuolleita pentuja.

Monelle kasvattajalle saattaa olla raastavaa katsoa emän tekemiä elvytysyrityksiä.
Joskus syntyy myös heikkoja pentuja. Toiset haluavat yrittää pelastaa pennut, mutta kannattaa miettiä onko se loppujen lopuksi järkevää. Voiko pentu mahdollisesti vaurioitua elvytyksessä? Olisiko parempi lopettaa?

*Pentu saattaa joskus syntyä valekuolleena ja elvytyksen jälkeen se on yhtä reipas ja ponteva kuin muutkin pentueen jäsenet (saattaa herätä hengittämään tosi pitkänkin ajan kuluttua, juuri kun olet aikeissa peittää ja heittää sen pois). Jos pentu syntyy ilman pussia, se saattaa pitkäänkin haukkoa henkeä. Silloin sitä pitää hieroa ja laittaa se mahdollisimman lämpöiseen nukkumaan. Eli ikään kuin elvytystä, jota tarvitaan muutama tunti synnytyksen jälkeen: silti pentu on täysin terve. Lisäksi olen kuullut, että niin kauan kuin pennun kieli on punainen, sen verenkierto pelaa, ja elvyttäminen on mahdollista ilman, että mitään vahinkoa olisi pennulle päässyt tapahtumaan. Mielestäni liian heppoisin perustein ei pentua pidä jättää elvyttämättä.*
*Sirkku Slip, Kennel Jitterpug*
*mopsi*

Minne kuolleet pennut yleensä laitetaan? Jotkut lähettävät epäselvästi kuolleet pennut entiseen Eviraan nykyiseen Ruokavirastoon tutkittavaksi, jossa tutkitaan niin kuolleita eläimiä kuin myös esimerkiksi verinäytteitä. Usein Ruokavirastoon lähetetään eläin, joka kuolee äkillisesti. Ruumiin mukaan tulee laittaa tiedot koiran iästä, taudin kestosta, oireista ja hoidosta. Ne pennut joiden kuolinsyy on selvä, joko haudataan tai laitetaan roskikseen.

*Ensimmäisessä pentueessani yksi pentu syntyi suolet ulkona
navan kohdalta (napatyrä), mutta eihän siinä järki puhunut
silloin, kun se oli se ensimmäinen pentue. Eläinlääkäri laittoi
tuolle pennulle todella kovakouraisesti suolet takaisin paikalleen
ja pari tikkiä siihen. Pentu huusi todella sydäntä särkevästi
ja tilanne teki todella pahaa. Nyt en enää ikinä moiseen
rääkkiin suostuisi. Vajaan vuorokauden kuluttua pentu menehtyi.*
    Johanna Tukianen, Kennel Lovebear's
    newfoundlandinkoira, amerikan akita

*Erään bokseripentueen kanssa oli hankaluuksia.
Kotona meillä syntyi 3 pentua ihan normaalisti, vaikkakin
1 kuolleena. Tämän jälkeen synnytys loppui kesken,
narttu oli kuitenkin edelleen hyvin pullea ja erittäin tiineen
näköinen, joten soitin eläinlääkärille, joka käski odottaa vielä.
Emän kunto kuitenkin heikkeni, joten soitin eläinlääkärille
uudestaan, ja hän lupasi mennä klinikalle. Ei muuta kuin koirat
autoon ja tohtorin tykö. Tässä vaiheessa koira ei enää kestänyt
kunnolla jaloillaan ja sen huulet ja limakalvot olivat keltasena.
Eläinlääkäri passittikin koiran suoraan leikkauspöydälle.
Leikkauksella syntyi vielä 6 pentua, joista yksi valitettavasti
oli saanut synnytysnesteitä keuhkoihin.
Tietenkin se tulehtui ja johti myöhemmin pennun kuolemaan.
Syyksi emän synnytysongelmiin oli raskausmyrkytys.*
    Tuula Suhonen, Kennel Von Sarisheim
    saksanpaimenkoira

Laske myös jälkeiset, jotta yhtään pentua ei jää kohtuun. Jälkeisen jääminen kohtuun aiheuttaa kohdun tulehtumisen ja mahdollisesti myös emän henki on vaarassa. Tosin emä syö istukan jos vain saa siihen mahdollisuuden, joten aina ei ehdi edes laskemaan kaikkia jälkeisiä.

Joskus joudut itse leikkaamaan napanuoran. Narttu saattaa synnyttää lyhyellä välillä jolloin ei ehdi hoitaa kaikkia pentuja tai kokematon emä ei alkuun itse ymmärrä purra napanuoraa. Lyhyet synnytysvälit lisäävät kasvattajan tehtävää avustajana. Napanuoraa ei saa katkaista liian lyhyeksi, se aiheuttaa pahimmassa tapauksessa pennulle elinikäisen ongelman. Joskus kasvattaja voi itse aiheuttaa esimerkiksi napatyrän. Napanuora täytyy sitoa tai nipistää niin, että veren kierto siinä loppuu kokonaan, ennen katkaisemista.

> *Kerran emä söi napanuoran liian lyhyeksi. Etsin hyllystä*
> *puristimen joka ensimmäisenä vastaan tuli. Se on marketissa*
> *myytävien sukkien ripustuspuristin. Se hoiti asiansa hyvin,*
> *ja hyppäsin pennun kanssa taxiin, ja kiirehdimme klinikalle*
> *harsittavaksi. Taxi odotti pihalla, ja palasimme alle tunnissa*
> *takaisin. Lähtiessämme pentu oli vielä märkä, vastasyntynyt.*
> *Tullessamme se nukkui kuivana rintojeni välissä*
> 
> *Henna-Riikka Backman, Kennel Jarfa's*
> *suomenlapinkoira*

Kohtutulehdus

Kohtutulehduksen oireet:
- Lisääntynyt juominen
- Samea verensekainen vuoto
- Lisääntynyt nuoleminen
- Ruokahaluttomuus
- Yleiskunnon heikentyminen
- Oksentelu
- Nestehukka

Näissä tilanteissa aina on otettava yhteys eläinlääkäriin.

> *Kohtutulehduksen oireet meillä oli väsymys, ja kova juominen.*
> *Narttu oli ollut väsyneen oloinen pari päivää ja se joi todella paljon.*
> *Juomakuppi oli koko aika tyhjänä. Mittasin kuumeen ja*
> *tutkin alapään, asia oli selvä: koiralla oli kohtutulehdus.*
> *Lääkäri olisi halunnut sen leikata heti, sanoin että kokeillaan*
> *ensin antibiootteja. Ne onneksi tehosivat kunnes oireet palasi.*
> *Jatkoimme lääkekuuria ja onneksi koira parani.*

> *Koin ettei koiran paras olisi välttämättä ollut se leikkaus tuossa tilanteessa. Luotin että lääkkeet auttavat.*
> Henna-Riikka Backman, Kennel Jarfa's
> suomenlapinkoira

## Pentuaika

Synnytyksen jälkeen pentuja ja emoa olisi hyvä seurata lähes jatkuvasti noin 1-2 viikon ajan. Tässä ajassa yleensä pennut, joko voimistuvat tai hiipuvat, tietenkin kasvattaja pyrkii siihen, että pienimmätkin selviävät, jos niillä ei ole elimellistä ongelmaa.

Vielä tässäkin vaiheessa kasvattaja saattaa joutua tekemään vaikeita ratkaisuja pennun lopettamiseksi. Syitä voi olla tässäkin vaiheessa vielä monia. Tällaisia syitä voivat olla esimerkiksi vesipää tai muu sisäelimien vika.

> *Isoissa pentueissa voi pentu jäädä herkästi emän alle ja menehtyä. Näin ollen kasvattajan tulisi varautua 1-5 päivää seuraamaan pentuetta, ettei pentu menetyksiä tapahtuisi. Jokainen emä on kuitenkin erilainen, joten opi tuntemaan narttusi.*
> Heli Rummukainen, Kennel Ancer's
> englanninspringerspanieli, dreeveri

*Mopsirodussa emoa ja pentuja seurataan ehdottomasti vielä
kolmiviikkoisinakin. Yleensä kaasuvaivat alkavat noin kolmen
viikon iässä jos ovat alkaakseen, eikä pentuja suinkaan silloin
jätetä hiipumaan vaan otetaan oikein erityistehohoitoon,
jotta pieni elämä voidaan pelastaa. Pentu ei ole heikko,
kunhan vaiva saadaan hoidettua, siitä kasvaa reipas ja
terve yksilö, mutta työtä ja työtä ja työtä se vaatii.
Ummetuskin alkaa noilla vaihein, eikä sekään ole syy
lopettaa pentua, vaikka oireet voivat olla aikamoisia*
    Sirkku Slip, Kennel Jitterpug
    mopsi

*Nukun emän ja pentujen kanssa ensimmäiset kolme viikkoa.
Pentulaatikossamme ei ole rimoja, joten herään yölläkin siihen
jos pentu on jäämässä emän alle.
Seuraan ensimmäiset viikot läheltä pentujen kehitystä.*
    Katja Piiroinen, Kennel Tulisydämen
    dreeveri, suomenlapinkoira

*Olen joutunut tekemään vaikeita ratkaisuja pennun
lopettamiseksi. Englanninspringerin pennun kävi eläinlääkäri
lopettamassa jalkavian vuoksi seuraavana päivänä,
sekä joskus myös sisäviallinen pentu, joka ei tahtonut lainkaan
imeä.*
    Heli Rummukainen, Kennel Ancer's
    englanninspringerspanieli, dreeveri

Jos pentu on niin heikko, ettei jaksa taistella tissistä sisaruksien kanssa tai jos se ei jaksa imeä, kannattaa kokeilla glukoosiliuosta, jota saa apteekista tai yksinkertaista sokeriliuosta, jolla lisätään pennun energiaa. Yksi kokeilemisen arvoinen keino on se, että antaa vahvemman pennun imeä ensin ja kun pentu alkaa naksuttaa on se sen merkki, että maitoa tulee helposti. Tuolloin heikon pennun voi vaihtaa kyseiselle nisälle, ja sen imeminen on helpompaa. Myös oma tissiaika heikolle pennulle saattaa helpottaa tilannetta. Jos edellä mainitut keinot eivät auta, kannattaa miettiä uudelleen olisiko paras luovuttaa.

*Ensikertalainen koirani synnytti 7 pentua. Viimeinen tuli odottamatta, sillä edellisen syntymästä oli kulunut jo 4 tuntia. Pentu syntyi erittäin tarmokkaana, mutta se kakoi pahasti. Ravistelin pentua ja kuivasin. Se halusi heti imemään ja menikin, mutta rupesi yskimään aina väliajoin. Emo selvästi reagoi tähän pentuun ja hätäisenä rupesi sitä kantelemaan muualle. Vei muun muassa sohvan alle ja jäi itsekin sinne imettämään. Pari päivää meni, että pentu yski, mutta kun se oli koko ajan niin tarmokas, niin selvisi lopulta.*
    Emilia Honkanen, Kennel Viribus Unitis,
    akita

*Mopsilla on todella tylppä kuono ja melko pienisieraiminen kirsu. Toisinaan ahnaat pennut on otettava nisiltä pois välillä vähän hengittämään, että eivät vedä maitoa keuhkoihin.*
    Sirkku Slip, Kennel Jitterpug
    mopsi

Tässäkin voisi korostaa, että tunne rotusi ja kuinka niiden pentuja hoidetaan. Ole yhteydessä kokeneempiin kasvattajiin, sillä rodun tapa toimia ja niiden pentujen hoito voi erota suurestikin muista roduista.

Punnitse pennut päivittäin. Näin tiedät, saako jokainen pentu tarpeeksi maitoa. Ensimmäisinä päivinä pentujen paino saattaa laskea, mikä on aivan normaalia, kunhan ne alkavat hiljalleen nousta. Kahden viikon kuluttua kasvattaja saa jo hieman huokaista pentukuolemien osalta. Kuitenkin koko pentuajan pentujen sekä emon vointia tulee tarkastella, sillä nisätulehdus tai kalkkikramppi saattaa vaivata emää.

Narttu saattaa menettää maidon mukana runsaasti kalsiumia, ja tästä syystä varsinkin isojen pentueiden emät ovat vaarassa saada kalkkikrampin. Oireet kehittyvät 1-3 viikossa synnytyksestä.

Kalkkikrampin oireita:
- tärinä
- lihasvärinä
- heikkous,
- horjuminen.
- Poissaoleva
- Eikä se viihdy pentujen luona

Hoitamattomana kalkkikramppi aiheuttaa kouristuksia, ruumiinlämmön ja sydämenlyöntien kohoaminen ja mahdollinen shokki. Jos koiralla on oireita, on otettava yhteys eläinlääkäriin, joka antaa emälle kalsiumia suoraan suoneen. Kalkkikramppia voi ehkäistä syöttämällä emälle tasapainoista ruokaa ja pennuille mahdollisesti korviketta ja kiinteää ruokaa 3-4 viikon iässä. Emän ruokaan voi lisätä jo ennen synnytystä piimää, kermaviiliä tai raejuustoa, sitä voi jatkaa siihen saakka kun emä imettää vielä pääasiassa.

> *Itselle mieleenpainuvimmat tilanteet on kun vastasynnyttänyt narttu saa kalkkikrampin aamuyöstä. Kalkkiaineenvaihdunta on vilkkaimmillaan aamuyöstä, joten se on optimaalein aika. On lohdutonta kun vastasyntyneet ja märät vauvat joutuu pakkaamaan talvella autoon ja ajamaan talla pohjassa klinikalle nartun kanssa joka häilyy elämän ja kuoleman rajamailla.*
> Henna-Riikka Backman, Kennel Jarfa's
> suomenlapinkoira

Nisätulehduksen oireet:
- Maitorauhasten turpoaminen
- Rauhaset ovat kuumat, kovat ja kipeät
- Maito on paksua ja oudon väristä
- Koiralla on kuumetta
- Koira on alakuloinen

Tässäkin tilanteessa tulee ottaa yhteyttä eläinlääkäriin, joka määrä koiralle lääkekuurin.
Nisiä voi kuitenkin ensiavuksi hautoa lämpimillä kääreillä sekä suihkutella lämpimällä vedellä.
Tulehtunut maito täytyy lypsää nisistä pois, eikä sitä saa juottaa pennuille.

**Pentujen hoito**

Pentujen kynnet olisi hyvä leikata ensimmäisen kerran jo noin 1-2 viikon iässä, sillä imiessään ne repivät helposti emän vatsan ikäville haavoille, jotka saattavat helposti tulehtuakin. Helpointa se on ihmisten kynsisaksilla, sillä kynnet ovat pienet ja pehmeät.

2 viikon ikäisten pentujen kanssa pentuhuonetta voi tuulettaa kunhan muistaa, ettei pennuille käy vetoa missään vaiheessa. Veto on pennuille pahasta, ei niinkään ilman lämpötilan vaihtelu.

Pennuille voidaan aloittaa kiinteän ruoan maistelu noin 3 viikon iässä, alkuun ruokaa annetaan hyvin pieniä määriä, jotta vatsa tottuu uuteen ruokaan. Päivittäin annosta lisätään ja jo muutaman päivän päästä voidaan tarjoilla kupista. Suurin osa taitaa aloittaa jauheliha nokareella, johon lisätään myöhemmin kermaviiliä ja turvotettuja nappuloita.

Pentulaatikko alkaa käydä ahtaaksi, riippuen sen koosta noin 4-5 viikon iässä ja tällöin elintilaa on laajennettava. Pentuaitauksella tai esimerkiksi kompostikehikoilla voi pentujen tilaa rajata.

Monet kasvattajat vievät pennut ulos kesäisin noin 3-4 viikon iässä ja talvisin 4-5 iässä.

Pentujen kynnet tulisi leikata ensimmäistä kertaa n. 2 viikon iässä, jopa aiemmin jos ne näyttävät raapivan emää. Helpointa on leikata pennun ollessa väsynyt.

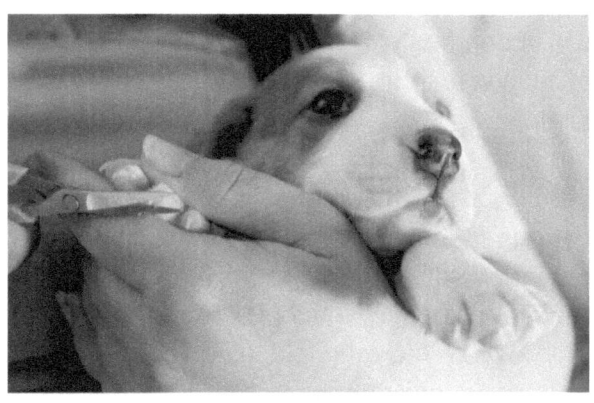

Pentujen oppimiseen kuuluu myös ulkoilu, hyvällä säällä pennut voivat ulkoilla jopa 3 viikon iästä lähtien.

**MUISTILISTA PENTUAIKAAN**

1. 10-14 vrk pennun silmät aukeavat
2. 3 vko hampaat puhkeavat
3. 3 vko pennut oppivat kävelemään ja aloittelevat leikkimään
4. 3 vko pennut oppivat juomaan, joten vettä voi tarjoilla kupista. Varsinkin jos kiinteitä ruokia on aloitettu jo syömään.
5. 3-12 vko on pentujen sosiaalistamisikä. Sylittele, koskettele ja opeta pennulle uusia asioita.

Kasvattajan oman suosikin ja omasta mielestä parhaan pennun etsiminen saattaa olla haaste. Joistain pentueista suosikki löytyy jo heti synnytyksen yhteydessä, mutta pentua kannattaa katsella ainakin 6 viikkoon saakka. Toisinaan mieli muuttuu vielä, mutta aika usein synnytyksen yhteydessä tullut suosikki pysyy suosikkina loppuun saakka.

Pennusta voi katsoa jo paljon pienestä koosta huolimatta. Tarkastele pennun rakennetta, sitä voi arvioida samoin kuin aikuisen koiran rakennettakin. Tutki koko pentuaika koiran luonnetta. Mitä vaadit aikuiselta koiralta? Mitä pidät tärkeimpänä koirassa: luonnetta vai ulkonäköä? Tee ratkaisut niiden perusteella. Jos pentue mielestäsi vaikuttaa tasaiselta, kannattaa pentujen kuvia lähettää tutuille kasvattajille, jotka voivat antaa vinkkejä omista mielipiteistään.

*Itse pyrin kuvaamaan jokaisen pentueen ja jokaisen pennun kerran viikkoon, näin pystyn vertailemaan pentuja myös edellisiin pentuihin ja katsomaan mitä niistä on tullut aikuisena.*
*On melko opettavaista seurata useamman pentueen kehitystä pennusta aikuiseksi.*
    *Katja Piiroinen, Kennel Tulisydämen*
    *dreeveri, suomenlapinkoira*

Kun pennut kasvavat, monet kasvattajat totuttavat niitä eri asioihin ennen uuteen kotiin muuttamista. Monesti kasvattajien sivuilla lukee "pennut kasvavat perheen parissa ja tottuvat näin kodin ääniin. Ne tottuvat myös lapsiin ja muihin eläimiin". Pentuja voi kuitenkin totuttaa moniin muihinkin asioihin, jos vain kasvattajalla riittää aikaa ja motivaatiota.

> *Meillä pennut tottuvat normaalin elämisen ääniin,*
> *sillä pennut kasvavat keskellä perheen elämää.*
> *Erilaiset lattiapinnat tulevat tutuksi, kuten normaalit*
> *hoitotoimenpiteet. Lisäksi metsästyskoirista kun on kyse*
> *pennut tottuvat metsään. Metsä tulee olemaan pentujen*
> *työpaikka aikuisena ja niiden totuttaminen aloitetaan jo*
> *kasvattajan luona. Lisäksi pennut pääsevät tutustumaan*
> *ajettavaan riistaan. Aloitamme myös pillin ääneen tutustumisen.*
> *On omistajasta kiinni jatkaako hän pillin kouluttamista*
> *tulevaisuudessa.*
>     *Katja Piiroinen, Kennel Tulisydämen*
>     *dreeveri, suomenlapinkoira*

Häkkiin ja autokyytiin voi kasvattaja jo hieman pentuja totuttaa.

Tässä joitain vinkkejä joihin pennun voi totuttaa jo pienestä pitäen:

- Kynsien leikkuu
- Ulkona käyminen
- Erilaiset alustat sisällä: puu, muovi, matto
- Erilaiset alustat ulkona: nurmi, hiekka, metsä, pelto
- Eri korkeudet
- Pöytä (varsinkin pienet rodut ja trimmattavat rodut)
- Vesi
- Pesu ja trimmaus
- Hampaiden, silmien ja korvien tarkastelu
- Harjaaminen
- Yksinolo (erossa muista pennuista)
- Auto
- Riista (varsinkin metsästyskoirat)
- Erilaiset äänet
- Erilaiset lelut
- Toiset koirat/eläimet
- Vieraat ihmiset
- Syli
- Panta
- Hihna
- Lapset

Metsästyskoirat voivat tutustua riistaan jo pienestä pitäen

Myös palveluskoirat voivat leikinvarjolla aloittaa saalisvietti harjoittelun

**MUISTILISTA PENTUAIKAAN**

1. Pennut ja emä madotetaan riippuen matolääkkeen ohjeistuksesta, pentujen ollessa 2-3 viikkoa ja siitä eteenpäin kahden viikon välein.
2. Kiinteää ruokaa aloitetaan usein maistelemaan pieniä määriä 3 viikosta eteenpäin.
3. Eläinlääkärin tarkastus ja sirutus yleensä n. 6 viikon iässä

**Pentupäiväkirja**

Jokaisen kasvattajan olisi hyvä pitää jonkinlaista pentupäiväkirjaa, johon voisi pohtia asioita joita yhdistelmistään toivoo ja kuinka ne toteutuvat. Myös mahdolliset ongelmatilanteet, ja niiden ratkaisut ovat hyvä kirjata ylös, sillä ehkä vuosien päästä sinulle sattuu samainen ongelma ja voit tarkastaa sen omista kirjanpidoistasi. Voi olla myös mielenkiintoista seurata yhdistelmien syntyminen: urosvalinnasta – juoksuihin – astutukseen – syntymään – pentuaikaan ja vertailla muihin astutuksiin. Pentujen kehitys ja syntymähän on aina hyvä kirjata, merkata painot ja kehitys. Näistä merkinnöistä on varmaan hyötyä myöhemminkin. Samoin narttujen astutus päivät, mahdolliset proge-tulokset, pentujen syntymä vrk jne.

**Paperiasiat ja pennun luovuttaminen uuteen kotiin**

Eläinlääkärintarkastus on hyvä teettää koko pentueelle, samalla pennut voi siruttaa rekisteröintiä varten. Kennelliiton siruttajia on eläinlääkäreiden lisäksi myös muita, jotka tulevat mahdollisesti siruttamaan kotiisi. Katso oman alueen siruttajat kennelpiirisi sivuilta.

Eläinlääkäristä saat lausunnon pentujen terveydestä ennen uuteen kotiin muuttoa. Terveystodistuksesta voi jättää myös itselle kopion, jos joskus sitä tarvitsee. Rekisteröinnin voi aloittaa Kennelliiton omakoirassa jo ennen eläinlääkäriä tai siruttajaa. Omakoiran kautta rekisteröinti on nopeaa ja helppoa. Uroksen omistaja voi kuitata pentueen sitä kautta, mutta jos uroksen omistaja ei kuulu kennelliittoon hänen täytyy allekirjoittaa pentueilmoitus, jonka kasvattaja voi skannata omakoiraan liitteeksi. Kasvattajan täytyy rekisteröidä koko pentue kerrallaan, myös ne vialliset ja ilmoittaa myös kuolleet pennut. Vialliset pennut voi rekisteröidä EJ-rekisteriin, joka ei estä koiran kanssa normaalia harrastamista ja elämää: ainoastaan sen jälkeläisiä ei saa normaaliin rekisteriin. Pentujen tulee olla syntyneet Suomessa, sekä jalostusoikeuden haltijalla tai koiran omistajalla on oltava vakituinen asuinpaikka Suomessa. Pentujen vanhempien on oltava samaa rotua, nartun ja uroksen omistajat tulee olla merkitty Kennelliiton omistajarekisteriin, paitsi jos uros on ulkomaalainen. Emän tulee kuulua FIN, FI tai ER rekisteriin. Edellisten pentujen väliin on jäätävä 10 kuukautta. Tässä on yksi poikkeus, mutta sen jälkeen seuraavan pentueen väli on vuosi. Molemmilla vanhemmilla on oltava Pevisan määräämät tutkimukset tehtyinä. Uroksella on oltava joko näyttelytulos tai lääkärintodistus molempien kivesten osalta. Jos koira on luonnostaan töpöhäntäinen, siitä on oltava lääkärintodistus.

Eläinlääkärin kuitattua pentujen sirut omakoiraan, käy kasvattaja kuittaamassa rekisteröinnin valmiiksi. Yleensä tämän jälkeen tulee melko pian omakoiraan lasku papereista ja sen maksettua on paperit postilaatikossa muutamassa päivässä. Rekisteröintipaperit tulee luovuttaa pennun ostajille ilman eri maksua, vaikka ne ei olisi ehtinyt saapua pennun luovutuksen ajankohtaan. Paperit tulee luovuttaa mahdollisimman nopeasti, mutta viimeistään 3 kk sisällä pennun luovuttamisesta.
Monet kasvattajat antavat pentujen mukaan myös jonkinnäköisen pentupaketin.

On hienoa, että myös pennun tulevaisuuteen jaksetaan panostaa. On vain sääli, että toiset ostajat saattavat valita pennun kasvattajan myös pentupaketin mukaan. Useilla ruokamerkeillä ja eläintarvikeliikkeillä on omia kasvattajakerhoja, joiden kautta voi saada edullisia valmiita pentupaketteja, joita voi itse muokata mieleisekseen.

Pentupakettiin voi kuulua koiran papereiden lisäksi esimerkiksi

- Kirjalliset hoito-ohjeet, jotka olisi jo oltavana mukana kennelliiton vaatimuksesta.
- Tuttua ruokaa
- Alunen
- Panta
- Nameja
- Leluja

*Itse kasasin pentupaketin: ruokaa. osalle 4kg, osalle 15kg, riippuen mitä aikoivat jatkossa syöttää. Eniten tavaraa laitoin Tallinnaan; siankorvia, vinkulelu, panta ja hihna, ruokaa iso säkki ja koiran käyttöohjeet.*
    Aino Räsänen, Kennel Black Jade's
    skotlanninhirvikoira

*Pentupakettiin kuuluu opaskirjanen, hoito-opas,
kaikki kennelliiton lähettämät oppaat. Pentunappulapaketti,
muutama purkillinen omaa kotitekoista ruokaa, puruleluja,
pehmoleluja ja tyyny, jossa on tuttuja pentujen ja isojen koirien
tuoksuja.*
   Sirkku Slip, Kennel Jitterpug,
   mopsi

*Pennunostajille laitan mukaan kansion, johon kerään tietoa
rodusta, pentueen suvusta, rodulla esiintyvistä sairauksista
ja vanhempien plus muiden sukulaisten terveystilasta,
sosiaalistamisesta, harrastuksista (näyttelyt,
agility, toko ym.), koulutuksesta, pennun hoidosta
(liikunta, kynsien leikkuu, ruokinta ym.) ja koottuja artikkeleita
eri aiheista. Lisäksi parin kilon Robur-ruokasäkki,
pentukaulapanta ja hihna (jos uudet omistajat eivät
ole muistaneet ottaa mukaan).*
   Meri Pistokoski, Kennel Monokuro
   shibat

*Pennut saivat mukaansa pannan ja hihnan, raakaruokaa,
sekä ohjeet raakaruokintaan. Kirjat: Rauhoittavat signaalit,
Pennun kasvatus ja Vetämättä hihnassa. Pennut olivat
eläinlääkärin tarkastamia sekä mikrosirutettuja.
Sekä lupauksen olla aina käytettävissä.*
   Anu Nieminen, Kennel Susirinteen
   espanjanvesikoirat

**Pentujen uudet kodit**

Monet kasvattajat ilmoittavat kotisivuillaan tai oman rotujärjestön lehdessä ja sivuilla pentueesta heti kun urosvalinta on tehty. Toiset taas eivät tahdo ilmoittaa ennen kuin on varmaa, että pentuja on tulossa. Jotkut vieroksuvat ilmoittelua paikallisissa lehdissä tai yleisissä myyntilehdissä. Lehdet tai keskustelupalstat voivat kuitenkin olla hyviä keinoja ilmoitella pennuista, mutta tällöin tulee muistaa, että kyselijöitä on monenlaisia. Osa kyselijöistä ei edes tiedä millaisesta koirasta on kyse. Toki tänä päivänä internet on arkipäivää suurimmalle osalle ihmisistä ja ihmiset osaavat etsiä enemmän tietoa yhdistelmistä ja kasvattajista. Myyntipaikkoja on monia, mutta parhaat paikat ovat kuitenkin rotuyhdistysten sivut ja rodun omat keskustelupaikat. Tänä päivänä myös kenneleiden omat kotisivut korostuvat omien kasvatusperiaatteiden esittelyssä.

*Kyselijöitä on ollut vaikka minkälaisia. Toiset ovat tarinatätejä ja toiset tuppisuita, silti molemmat ovat olleet erittäin hyviä pennun omistajia. Vaikeinta on määritellä kuka on ns. huono ostaja. Ei ne puheliaat aina ole olleet parhaiten koiran kanssa pärjänneitä. Yhden erikoisen tapauksen muistan vuosia sitten, kun jäljellä oli pentueesta yksi narttu. Mies soitti Helsingistä ja kyseli pentua kuin se olisi joku esine. Loppuun tämä mies kysyi missä kennelini sijaitsee ja antoi esimerkkejä: Helsinki, Tuusula, Järvenpää... Vastasin, että Lappeenrannassa, niin mies meni hiljaiseksi ja lopetti puhelun. Hänestä ei kuulunut sen jälkeen mitään.*
*Emilia Honkanen, Kennel Viribus Unitis*
*akita*

*Kyseessä on melko harvinainen rotu, ja eteen on tullut jos jonkinlaista kyselijää. Joillain ei ole ollut minkäänlaista tietoa millainen ja minkä kokoinen rotu on kyseessä, jolloin olen voinut heti sanoa, että rotu tuskin sopii teille. On ollut myös eräs tapaus, jossa soittaja tiesi rodusta todella paljon ja tuntui olevan perehtynyt rotuun ja luonteeseen. Ajattelin, että onpa ihana pennun kyselijä, kunnes seuraavana päivänä minulle soitti henkilö, joka esittäytyi tämän edellisen soittaja sisaren ystäväksi ja kielsi minua myymästä pentua tälle ihmiselle. Hänellä kuulemma oli ollut jos jonkinlaista rotua, lähinnä juuri isoja rotuja, joista oli väkisin tehty vihaisia ja jotka sitten nuorina aikuisina ongelmakoirina oli myyty eteenpäin. Kiitin soittajaa tiedoista, ja soitin kyseiselle henkilölle ja pahoittelin, etten voikaan myydä pentua hänelle, "sillä eräs rotuyhdistyksen jäsen ja hyvä ystäväni, lupasi ottaa pennun". Asia hoitui sillä tavalla hienosti ja lupaamani pennun sainkin sitten myytyä samalle paikkakunnalle.*

*Varsinaisia pentuoppaita ei ole, ja yleensä tämän rodun kyselijät ovat jo etukäteen ottaneet selvää asioista ja heillä on yleensä ollut jo joitain muita rotuja aiemmin. Haluan myös, että pennun kyselijät tulevat henkilökohtaisesti käymään meillä ja mahdollisuuksien mukaan käyvät myös jonkun muun sarpin omistajan luona tai tulevat näyttelyyn tutustumaan rotuun. Itse olen ollut tiiviissä yhteydessä pentujen ostajiin, ja kaikkien kanssa olemme ystävystyneet siinä määrin, että osan kanssa olemme parhaita kavereita.*

*Kaikkien luona pyrin käymään säännöllisesti, jopa heidän luonaan, joiden koirat ovat jo kuolleet.*

Tiina Tamminen, Kennel Sartimos,
sarplaninac

*On todellakin, valitettavasti. Koiraa on saatettu olla hankkimassa allergian takia pihalle, erikoisiin olosuhteisiin tai väärään käyttötarkoitukseen (esim. osaamattomiin käsiin karhunmetsästykseen, 10 kg pystykorva...). Jotkut haluavat selkeästi vääristä syistä ("kun se olis niin kivaa") ja jotkut pelkän ulkonäön takia. Myös se epäilyttää jos koiraa hankitaan vain koska pieni lapsi haluaa. Kyllä koko perheen pitäisi sitä haluta ja valitettava tosiasia on se, että jotkut antavat lapsilleen kaiken mahdollisen kun käsky käy. Pieni lapsi ei voi olla päävastuussa, mutta toisaalta jotkut aikuisetkaan eivät osaa sitoutua koiraansaja siitä koituvaan vastuuseen. On ihmeellistä, miten jotkut pennunostajat suorastaan suuttuvat, jos yritän selittää heille miksi pennut menevät toisiin koteihin. Eräskin perheenäiti sai kiukkukohtauksen kuin pikkulapsi, kun sanoin, että heidän pitäisi minusta vielä harkita pennun ostamista ja kenties myös rotua. Monet eivät tunnu ymmärtävän, että pentua eivälttämättä saa heti kun itse haluaa, tai edes vuoden kuluttua siitä kun itä alkaa kysellä ja etsiä. Jotkut ilmoittavat pentueesta kun narttu on varmasti tiineenä, mutta itse ilmoitan jo suunnitellusta. Silloin minulla on aikaa punnita vaihtoehtoja enemmän ja karsia pois ne, jotka ottavat yhteyttä kun huomaamat että jossain on pentuja. Näin saan ehkä valikoitua sellaiset pennun ostajat, jotka näkevät suunnitellussa yhdistelmässä jotain, mikä erityisesti kiinnostaa, eivätkä vain sitä ihanaa pentua jonka nähtyä kaikki järkevät ajatukset katoavat päästä. Tällä tavalla on myös aikaa tutustua paremmin ja sopia tapaaminen ennen pentujen syntymää. Asiat saa paljon paremmin hoidettua kun keskittyminen ei ole vain niissä pennuissa.*

*Meri Pistokoski, Kennel Monokuro*
*shibat*

> *Minulle soitti mies, joka oli erittäin kiinnostunut ottamaan dreeverin pennun ja kuulosti alkuun lupaavalta kodilta. Kysyn kuitenkin kaikilta heidän kiinnostuksestaan ajokokeita ja näyttelyitä kohtaan, jolloin hän totesi etteivät he metsästä. Haluaisivat dreeverin seurakoiraksi, mutta se saisi olla irti heidän patikoidessa. Totesin hänelle ettei dreeveriä voi pitää irti ilman tutkaa edes patikoidessa. Heidän olisi parempi miettiä jotain sopivampaa rotua, joka sopisi juuri heille. En myy dreeveriä pelkästään sohvakoiraksi, sillä tiedän se aiheuttavan ongelmia metsästysinnon kanssa.*
> Katja Piiroinen, Kennel Tulisydämen,
> dreeveri, suomenlapinkoira

Kun pentujen kyselijöitä on tullut, kannattaa hieman kysellä ja tentata mahdollisia ostajia. On parempi heti alkuun selvittää millainen käsitys ostajalla on rodusta ja se vaatimuksista, sekä millaisiin oloihin koira olisi mahdollisesti tulossa. Helpottaa sekä kasvattajaa, että ostajaehdokasta valitsemaan oikean koiran oikealle omistajalle.

> *Yleensä kysyn nämä kysymykset ainakin pennun ostoa harkitsevilta:*
> *- Miksi tämä rotu?*
> *- Mitä aiot tehdä sen kanssa?*
> *- Millaisiin olosuhteisiin koira muuttaisi?*
> *- Onko teillä muita koiria?*
> *Usein myös "pelottelen" ostajat, eli kerron heille että, pentu saattaa syödä sohvakaluston jne. Jos ostaja on vielä keskustelun jälkeen edelleen sitä mieltä, että haluaa koiran minulta, he ovat harkinneet sitä tosissaan.*
> Tuula Suhonen, Kennel Von Sarisheim,
> saksanpaimenkoira

*Tenttaan pennunostajilta:*
- *Miksi Sinua kiehtoo juuri saluki?*
- *Haetko urosta vai narttua?*
- *Missä asut?*
- *Miten asut? Jos on pihaa, onko aidattu (millainen aitaus) tai aiotko aidata?*
- *Onko Sinulla muita perheenjäseniä saman katon alla?*
- *Onko jollakin teistä minkäänasteista eläinallergiaa?*
- *Onko Sinulla muita koiria tai muita lemmikkejä? Kerro niistä.*
- *Millainen koirakokemus Sinulla on? Kerro edellisistä koiristasi, mitä rotua ne olivat, minkälaisia ne olivat, kauanko Sinulla oli ne*
- *Kuinka kauan koira on yksin kotona arkisin? Entä viikonloppuisin?*
- *Miten järjestät koiran hoidon esim. ulkomaanmatkan tms. ajaksi?*
- *Miten ajattelit ruokkia koirasi?*
- *Mitä teet jos koirasi sairastuu?*
- *Miten koira asuu luonasi?*
- *Miten ajattelit järjestää koirasi liikunnan?*
- *Missä juoksuttaisit vapaana?*
- *Koirasi voi pentuna ja nuorena saada aikaan tuhoa kotona ja sisäsiisteysopetus on kesken. Uskotko selviytyväsi siitä?*
- *Millaisia odotuksia Sinulla koiran suhteen on?*
- *Pidätkö yhteyttä kasvattajaan ja tuletko esim. pentutreffeille?*

*Tuon kysymysryppään tarjoilen alkuunsa, sitten juttelemme ja seuraavaksi pyydän ihmisen visiitille, minkä jälkeen puntaroin kaiken kuulemani ja näkemäni ja niiden pohjalta teen päätöksen. Ekalla visiitillä ei pentua mukaansa saa.*

    Micaela Lehtonen, Kennel Qashani
    *saluki*

*Olen yhteydessä pennun tuleviin mahdollisiin ostajiin suurimmaksi osaksi sähköpostilla. Pidän yhteyttä myös puhelimella pitkälle menevien pentujen ostajien kanssa. Yleensä myös tapaan silmästä silmään lähelle jääviin pentujen ostajat. Annan pentujen uusien omistajien yleensä kertoa oma-aloitteisesti itsestään, perheestään ja koiran tulevasta kodista, minun kyselyideni sijaan. Silloin saa hyvän fiiliksen siitä minkälaisia he ovat kun itse kertovat. Haluan myös tavata tulevat omistajat, viimeistään heidän hakiessa pentua (esim. nyt on Kreikkaan ja Israeliin pennut menossa eli riittää, että he ovat meillä muutaman päivän). Toki ollaan soitettu ja oltu yhteydessä ennen heidän tuloaan. Aktiivisuus on erittäin suuri plussa.*

Bettina Salmelin, Kennel Watercubs
newfoundlandinkoira

*Mahdolliset pennunostajat ottavat yhteyttä yleensä ensin sähköpostitse tai puhelimitse. Siinä voi jo saa selville sen kuinka tosissaan kyselijä on rodun ja koiranhankinnan suhteen. Mitä enemmän näitä keskusteluja käydään ennen pentujen syntymää, sitä todennäköisimmin kyselijät ovat mielenpäällä siinä vaiheessa, kun vauvat ovat maailmassa ja on aika tutustua henkilökohtaisesti. Jotkut käyvät jo ennen pentujen syntymää, haluavat tutustua rotuun ja kysellä asioita valmiiksi. Useimmat joukosta koiranomistajaehdokkaiksi valikoituneista käyvät katsomassa pentuja useaan kertaan. Siinä on samalla helppo tarkkailla koko perhettä, eleitä, suhtautumista isompiin koiriin ja pentuihin.*

Sirkku Slip, Kennel Jitterpug,
mopsi

Jos sinusta itsestäsi tuntuu jokin ostaja oudolta tai et luota häneen, kannattaa jättää pentu myymättä. Varmistat näin, että pentu pääsee hyvään kotiin. Tärkeintä kuitenkin kaikille kasvattajille luulisi olevan rakastava koti. Monesti mietitään kannattaako pentua myydä kotiin, jossa ensimmäiseksi kiinnostaa hinta, eikä niinkään pennun takana oleva yhdistelmä.

Mutta voiko kotikoiraa haaveilevaa vaatia perehtymään jalostukseen? Suurin osa pennuista kuitenkin menee "vain" kotikoiraksi.

Monet kasvattajat listaavat kauppakirjaan erilaisia kohtia: näyttelykäyntejä, koiran terveystarkastuksia tai ruokintaa koskevia ohjeita. Todennäköisesti on kuitenkin niin, että jos vaatimukset menisivät oikeuteen, ne olisivat kohtuuttomia vaatimuksia, ellei hintaa pennusta ole alennettu.
Terveystarkastusten pohjalta on muutamia käytäntöjä, joita kasvattajat käyttävät saadakseen pentujen omistajat tarkastuksiin. Joku kasvattaja järjestää joukkotarkastuksia, perustelee ostajalle miksi pennut kannattaa tarkastaa, ja laittaa oikeana ajankohtana kirjeen, jossa on lähimmät paikat missä käydä tarkastuksessa. Kirjeessä ovat mahdollisesti myös puhelinnumerot ja tarkastusten hinnat. Näin kaikki tehdään mahdollisimman helpoksi uudelle omistajalle.

On myös käytäntö, jossa hinta alennetaan ostovaiheessa, ja samalla kirjataan kennelliiton paperiin alennuksen syyksi terveystarkastukset. Kolmas vaihtoehto on, että ostaja maksaa täyden hinnan ostaessa pennun, mutta kun terveystarkastukset on tehty, todistusta vastaan palautetaan tietty summa rahaa. Kasvattajan tulee myös muistaa, että hän on korvausvelvollinen perinnöllisten sairauksien osalta, jotka on lueteltu kennelliiton sopimuksessa, koko koiran eliniän. Kasvattajan ei tarvitse korvata onnettomuuksia tms.

Joskus ostaja saattaa kuitenkin kuvitella, että kasvattaja korvaa pennun pureskeleman tv:n johdon.
Kannattaa siis varautua mitä kummallisimpiin vaatimuksiin.

Osa kasvattajista kirjaa myös sopimukseen etuosto-oikeuskohdan, eli jos omistaja ei jostain syystä pystykään pitämään koiraa, hän voi myydä sen kasvattajalle takaisin. Niin valitettavaa kuin tämä onkin, tämäkin pykälä kuuluu kohtuuttomiin vaatimuksiin. Koiraa verrataan esineeseen ja esineen kauppaan, joten omistaja saa myydä sen kenelle tahtoo. Asiasta voi kuitenkin hyvin mainita kauppojen yhteydessä, sillä usein omistaja on mielissään, kun saa koiran hyviin käsiin pakon edessä.

Kasvattajat usein itse valitsevat sopivan pennun sopivalle ostajalle. Kasvattajahan on elänyt pentujen kanssa koko sen siihenastisen elämän, ja tietää näin mikä pennuista on sopivan luonteinen. Lapsiperheeseen ei kannata myydä kaikkein arinta pentua, ja kotikoiraksi ei varmaankaan kannata myydä sitä lupaavinta pentua. Monesti ostajat eivät oikein ymmärrä, miksi heidän ei anneta valita, mutta kasvattajan tulee osata kertoa syyt. Yksi keino on myös sanoa, että vain se tietty pentu on vapaa, muut on jo varattu. Onko valehteleminen eettisesti oikein? Kannattaa ehkä kuitenkin pyrkiä selittämään miksi haluat heille kyseisen pennun etkä jotain muuta.

Kasvattajalta vaaditaan siis hyvää ihmistuntemusta, mutta joskus se saattaa pettää, ja pentu joutuukin huonoihin oloihin. Kasvattaja ei pysty tekemään asialle mitään ellei eläinsuojeluviranomaiset ole tarkastaneet asiaa.

Usein kasvattajat arvostavat aktiivisuutta pentujen omistajan kohdalta. Helpompaa on se, että omistaja itse pitää yhteyttä kuin se, että kasvattaja joutuu aina olemaan yhteydessä ja painostamaan. Molemminpuolinen yhteydenpito on hyväksi. Nykyään on helppoa tehdä ryhmiä sosiaaliseen mediaan helpottamaan yhteydenpitoa kasvattien omistajien kanssa.

> *Kirjaan lisäehtoihin että haluan että minulle ilmoitetaan jos koira sairastuu, kuolee tai vaihtaa kotia. Olisin mielelläni myös mukana pohtimassa uutta kotia, mikäli koira ei mene omistajalle tuttuun paikkaan. Pyydän myös, että minulle ilmoitetaan mahdolliset osoitemuutokset, jotten menetä kontaktia kasvattiini. Suullisesti puhumme ruokinnasta, lähinnä niin, että oli ruokintatapa mikä hyvänsä niin se olisi mahdollisimman tasapainoinen ja mielellään ei täysin kuivamuona-linjalla.*
>   Micaela Lehtonen, Kennel Qashani
>   saluki

> *Minulla on Facebookissa oma kennelin suljettu sivusto, jonne jokainen kasvatin omistaja voi laittaa koirien kuulumisia, lisäksi jokaisella pentueella on oma WhatsApp-ryhmä, jossa tietyn pentueen omistajat voivat kertoa kuulumisia koko porukalle. Tuosta pentueryhmästä on suurin osa tykännyt kun kuulevat pentuesisarusten kehityksestä ja kuulumisista.*
>   Katja Piiroinen, Kennel Tulisydämen,
>   dreeveri, suomenlapinkoira

Monet aloittavat kasvattajat miettivät möisivätkö pennun osamaksulla. Osa kasvattajista on jyrkästi sitä mieltä, että ei missään nimessä, sillä jos on harkinnut tarpeeksi kauan koiraa, on ollut aikaa kerätä rahat.

Usein kasvattajat myyvät kuitenkin myös osamaksulla, mikä on ihan hyvä, sillä kaikilla ei ole varaa laittaa koko summaa kerralla koiraan. Tässä on myös hyvä ihmistuntemus tärkeää, sillä ajatuksena on myös, että jos luottaa pennun ostajalle täytyy luottaa myös osamaksuun. Kannattaa miettiä kuinka toimia osamaksun kanssa. Ehkä on järkevää antaa rekisteripaperit vasta kun koko summa on suoritettu?

Kun pentu on varattu, kannattaa miettiä pyytääkö jokaiselta ostajalta varausmaksu, näin ostaja ei pystyisi tekemään päällekkäisvarauksia useammalta kasvattajalta. Toki tässä tulee riski mitä sitten jos en haluakaan myydä hänelle tai jos pentu menehtyy, kuinka tehdään?

*Yksi bokserin pentu palautui jo 2 viikon kuluttua takaisin, ilmeisesti perhe ei ollutkaan ymmärtänyt, että koira on elävä olento, joka kaipaa huomiota ja sotkee.*
Tuula Suhonen, Kennel Von Sarisheim
saksanpaimenkoira

**Leasing ja yhteisomistus, sekä sijoitus**

Jotkut kasvattajat lainaavat eli tekevät "leasing-sopimuksen" nartusta. Kasvattaja lainaa nartun pentujen emäksi, ehkä toiselta kasvattajalta tai mahdollisesti omaa kasvattiaan. Koiran hoitokustannukset tulee kirjata hyvin sopimukseen, samoin kuin muutkin korvaukset. Yleensä nämä sopimukset ovat kahdenvälisiä sopimuksia eikä valmiita pohjia ole. Myös siitä täytyy sopia, kumpi osapuolista vastaa nartun terveystarkastuksesta. Osa kasvattajista maksaa korvaukseksi nartun omistajalle mahdollisesti yhden pennun hinnan tai antaa pennun jos nartun omistaja sellaisen haluaa. Joidenkin kasvattajien sopimus on: kulut vähennetään tuloista ja loput jaetaan puoliksi. Näin ollen sopimuksia on olemassa yhtä monta kuin on narttujen lainaamisiakin. Näiden sopimuksien laatimiseen haluan korostaa, että kaikki asiat laitetaan paperille, vaikka se kuinka tuntuisi tyhmältä tuttavien kesken: koskaan ei voi olla varma mitä vuodet tuovat tullessaan.

Yksi keino lisätä omia jalostusnarttuja, on sijoittaa niitä. Kovinkaan monella kasvattajalle ei ole resursseja pitää suuria koiralaumoja, joten sijoittaminen on yksi keino pitää omat kasvatit jalostuskäytössä. Aina kannattaa kuitenkin katsoa tarkasti kenelle koiransa sijoittaa, sillä joskus ihmisiä kiinnostaa vain "edullinen" koira. Monesti sijoituskoiraa ottava ihminen ei ole ymmärtänyt mihin kaikkeen sitoutuu, kun sijoituskoiran ottaa. Kannattaa siis tentata ja udella ihmistä, jolle koiran aikoo sijoittaa. Jotkut kasvattajat antavat sijoituskoiran vain, jos henkilö on jo ennestään tuttu ihminen. Myös tuttujen ihmisten kanssa kannattaa miettiä laittaako koiran omiin vai haltijan nimiin, vai molempien nimiin. Tietenkin paperiasiat monimutkaistuvat, jos koira on haltijan tai molempien nimissä.

*Korvaan kaikki kulut pennutukseen liittyen sekä 10%
pennun hinnasta jokaisesta syntyneestä pennusta*
  Heli Rummukainen, Kennel Ancer's
  englanninspringerspanieli, dreeveri

*Maksan tietenkin kaikki astutuskulut, ja kun koira
todetaan kantavaksi, maksan myös koiran ruoan. Narttu
tulee luokseni synnyttämään, ja kun on aika, se menee
takaisin omistajalleen ruokasäkin kanssa. Korvaukseksi annan
joko valita itselleen yhden pennun tai maksan yhden pennun
hinnan.*
  Tuula Suhonen, Kennel Von Sarisheim
  saksanpaimenkoira

*Ihmisillä ei välttämättä ole realistista kuvaa sijoituksesta,
ja motiivi siihen saattaa olla väärä. Ihmisten väliset suhteet
ovat myös mutkikkaita, se mitä ensin annetaan ymmärtää,
ei välttämättä pidäkään paikkaansa, tai ei ollakaan valmiita
tekemään niin paljon yhteistyötä koiran suhteen kuin on annettu
ymmärtää koiraa ottaessa. Myös aktiivisen (näyttelyt, harrastukset)
sijoituskodin löytäminen on todella hankalaa, tuntuu että moni
haluaa sijoituskoiran kotikoiraksi.
Minulla on myös yksi huono kokemus sijoittamisesta.
Sijoitin koiran mielestäni hyvään kotiin, mutta lopunkaiken asiaa
jouduttiin hoitamaan rikosilmoituksen muodossa.*
  Kati-Maaria Tanttu, Kennel Metkumutkan
  estrelanvuoristokoita, tiibetinspanieli, griffon

Jotkut kasvattajat antavat omia kasvattejaan osa- eli yhteisomistukseen. On myös mahdollista, että kaksi henkilöä hankkii ulkomailta yhteisomistukseen koiria. Tällöin molemmilla henkilöillä on jalostusoikeus koiraan. Kannattaa kuitenkin laatia myös tuttavien kesken sopimukset koiran asumisesta, jalostuskäytöstä yms. ihan kirjallisesti, sillä riitatilanteissa epäselvät asiat kärjistyvät helposti.

> *Omistan tuontiuroksen yhdessä toisen kasvattajan (ilman kennelnimeä) kanssa. Sopimus on tehty niin, että jalostukseen liittyvät kulut menee puoliksi. Yhteisesti hyväksytyt näyttelyt menevät puoliksi (ilmoittautumismaksut). Terveyskulut, kuten rokotukset, menee puoliksi. Kumpikin osapuoli voi käyttää koiraa näyttelyssä omalla kustannuksella, jos toinen ei halua osallistua. Omille nartuille astutukset on ilmaisia. Määrää ei ole laitettu. Tuotot menevät puoliksi.*
> Emilia Honkanen, Kennel Viribus Unitis, akita

## Yhdistelmien uusiminen

Osa kasvattajista suhtautuu kriittisesti uusinta yhdistelmiin, sillä onko se enää jalostamista jos pentuja teetetään samoista vanhemmista. Sillä jos pentueesta on jäänyt kasvattajalle jatkoa niin onko enää hyötyä uusia yhdistelmää vai kannattaako odottaa, että edellisestä pentueesta kasvaa se seuraavan pentueen emä tai isä. Monet pitävät yhdistelmän uusimista enemmän pentujen lisäämisenä. Yleisesti tarkoitus on varmaankin luoda uutta ja parempaa. Tietenkin jos ensimmäisessä pentueessa ei ollut kuin yksi tai kaksi pentua tai mahdollisesti vain yhtä sukupuolta on ymmärrettävää uusiminen, varsinkin jos edellisestä pentueesta ei tullut uutta jalostusmateriaalia. Mutta tietenkin jokainen kasvattaja tekee itse valintansa, eikä siitä mielestäni kenenkään tulisi kritisoida. Monet pitävät hyödyllisenä uusia yhdistelmä, josta on tullut keskivertoa paremmat pennut, vaikka koskaan ei samanlaisia pentuja tule uudelleen vaan jokainen yhdistelmä on geeniperimältään erilainen.

## Kasvattajan tuki

Koirien kasvattajana olo ei siis lopu siihen, kun saat pennut maailmalle, vaan on hyvä, että olet tukena ja turvana uusille omistajille.

> *Yleisimmin minulta kysytään, milloin vaihdetaan tuhdimpaan ruokaan, kiiman kestosta, karvainvaihdoista, milloin pyörälenkille tai ahkion eteen. Toisinaan lähellä olevat omistajat käyvät näyttämässä koiraa ja kyselemässä onko koira esim. liian laiha. On hienoa huomata, että asioista jaksetaan kysyä.*
> Tuula Suhonen, Kennel Von Sarisheim
> saksanpaimenkoira

> *Minulle ei montaa kysymystä ole tullut. Aika hyvin olen kertoillut ennen kun ovat ehtineet kysyä.*
> *Asiat: hotspot, allergiat, ruokinta, turkin hoito, trimmaus, näyttelyt, kasvukivut, liikunta.*
> Bettina Salmelin, Kennel Watercubs
> newfoundlandinkoira

Kasvattajat tietenkin haluavat kuulla pentujen kuulumisia. Ihannoitavin tilanne olisi vuorovaikutustilanteet joissa molemmat sekä kasvattaja että uusi omistaja olisivat aktiivisia yhteydenpidon kannalta. Tietenkin on ymmärrettävää, jos kasvattajalta on lähtenyt useita kymmeniä, jopa satoja pentuja maailmalle, että on hankalaa pitää yhteyttä jokaiseen. Jokainen kasvattaja varmaan toivoo myös, että saisi pentueista jonkinlaista näyttöä joko käyttö- tai näyttöpuolella. Yksi hyvä keino seurata myös pentujen kehittymistä on laittaa kysely kaikille kasvattien omistajille. On kuitenkin hyvä selittää heti kyselyn alussa miksi kyselee asioista, ettei omistajalle tule sellaista oloa, että häntä kytätään ja koiranhoidon taitoja arvostellaan. Selitä siis, että haluat tietää siksi, että näet kuinka yhdistelmäsi on onnistunut ja mihin suuntaan koko pentue on menossa. Ketään siis ei ole tarkoitus vahtia tai ahdistella. On myös hyvä että kysymykset ovat selviä, sillä kaikki eivät ymmärrä turkin pituuksia tai muita "ei-niin-kotikoiralle-tärkeitä" asioita. Selitä millainen turkki on pitkä, keskipitkä lyhyt tai laita mahdollisesti kuvat josta saa omistaja valita lähimmältä näyttävän kuvan. Näin omistajalle ei tule oloa, ettei hän halua vastata koska ei ymmärrä.

Tässä joitain esimerkkejä mitä voi kysyä:
- Luonne
- Terveys
- Juoksut
- Tapaturmat
- Jalostus
- Harrastukset
- Muuta

*Olen perustanut pennun hankkineille yhteisen pentueen sähköpostin, jossa käsitellään tämän pentueen asioita ja kuulumisia. Sinne voi jokainen laittaa omia kokemuksia ja kysymyksiä ja kaikki voi niitä lukea ja kommentoida.*
**Kasvattajalle hyvä väylä neuvontaan ja pitää "porukka kasassa."**
*Ismo Putkonen, Kennel Kolkon,*
*dreeveri*

## Kotisivujen merkitys

Internet ja kotisivut ovat nykyaikaa. Suurin osa pentujen ostajista löytää itselleen koiran internetin ja sähköpostin välityksellä. Ovatko sivut siis aivan välttämättömät? Tuskin ne täysin korvaamattomat ovat, mutta yleisesti ottaen se helpottaa niin kasvattajan työtä kuin pennun ostajienkin vaivaa. On helpompaa, kun ei tarvitse kaikille selittää kasvatusperiaatteitaan tai omia koiriaan. Sen sijaan voi antaa kotisivujensa osoitteen, josta ostajaehdokas löytää tarvittavat tiedot ja voi vertailla niin kasvattajia kuin koiriakin. Näin myös monet kasvattajat toimivat etsiessään uutta jalostusmateriaalia ulkomailta, joten oma kasvatustyö saattaa saada mainosta ulkomaita myöten. Sivujen olisi hyvä olla selkeät ja helposti selattavat. Kaikkea eikannata kasata yhteen ja samaan paikkaan, sillä se saa sivut tuntumaan sekavilta.

Sivuista kannattaa muotoilla selkeät ja yksinkertaiset, mutta sivuilla voi silti tuoda esille sellaisia asioita, jotka ovat mielestäsi tärkeitä. Kannattaa miettiä mitä itse haluaisit sivuilta löytyvän, kun menet esimerkiksi ulkomaalaisille sivuille. Mitä tietoja tarvitset kun teet ostopäätöstä koirasta?

*Ainakin itse tutustuin uusimman koirani kenneliin
(ulkomailla) kotisivujen kautta. Tällaisen pienimääräisen
rodun ollessa kyseessä, siellä pääsi heti katselemaan
koirien sukutauluja ja valitsemaan kennelin, jonka koirat
olivat mahdollisimman kaukaista sukua jo suomessa oleville
koirille. Kotisivuilta näkee myös minkä tyyppisiä koiria
kasvattajalla on, eli vastaavatko ne yhtään omia mielikuvia
rodun ulkonäöstä. Myös se miltä sivut näyttävät, paljonko
niissä on tietoa ja kuvia, kertoo jo hiukan millainen kasvattaja
on kyseessä ja varsinkin, että sivut saa luettua englanniksi
(kyseessä jugoslavialainen rotu ja hain kenneliä läheltä rodun
kotimaata) näyttävät heti, haluaako kasvattaja saada koiriaan
myös ulkomaille.*
    Tiina Tamminen, Kennel Sartimos,
    sarplaninac

*Minusta kotisivuilla on nykymaailmassa erittäin suuri merkitys.
Sieltä saa niin paljon tietoa nopeasti (erittäin tärkeä työkalu
esim. uroksen etsinnässä).
Sivuilla tulisi olla hyvät kuvat laadullisesti ja jokaisesta kulmasta
otettuna. Ja ehdottomasti näkyä koiran virallinen nimi!
Myös terveystulokset, kuvia aiemmista pennuista olisi hyvä olla
näkyvissä. Suurin osa pentukyselyistä tulee juuri kotisivujen
kautta (tai vaihtoehtoisesti näyttelyistä suoraan tulevat
kyselemään). Kotisivut on mielestäni hyvä olla, sillä siellä
se kaikki tieto "pysyy". Ei tarvitse jokaiselle ohikulkijalle
selittää koko sukutaulua läpi, vaan antamalla kotisivujen
osoitteen he pystyvät omalla ajallaan katselemaan
jos kiinnostaa. Siinäkin mielessä ainakin meillä on kotisivut
ollut plussaa, silla olemme "kansainvälisiä"*

*(eli asumme belgiassa ja UK:ssa, olemme suomalaisia, lomilla olemme Ranskassa), emmekä pysty välttämättä olemaan jokaisessa tapahtumassa "näkyvillä" jotta ihmiset tajuaisivat, että täältäkin voi kysyä.*
*Kotisivut ovat kuin käyntikortti, jota voi selailla oman mielen mukaan.*
    Bettina Salmelin, Kennel Watercubs
    *newfoundlandilainen*

*Kotisivuilta katson itse yleensä kasvattajan asuinpaikkakunnan ja tutkin millaisia yhdistelmiä kennelissä on tehty - käytetäänkö vain omia koiria vai yritetäänkö saada aikaan jotain uutta. Omilla sivuilla haluan tuoda esille myös ajatuksiani kasvatuksesta. Siihen liittyy niin paljon tärkeitä eettisiäkin asioita, kun kyseessä on elävien eläinten kanssa toimiminen, että haluan kertoa mitä kasvatuksella ajan takaa, millainen on minun ihanteeni rodusta, mihin pyrin. En tiedä miten olen tässä onnistunut, ja jälkeen päin omia tekstejä lukiessani ne kuulostavat useimmiten aika paatokselta, mutta kai niitä lennokkaita ajatuksia kannattaa olla. Eri asia on se, miten niihin omiin odotuksiin aina yltää, mutta parempi kai pyrkiä liian korkealle, kuin mennä sieltä missä aita on matalin.*
    Meri Pistokoski, Kennel Monokuro
    *shibat*

## Pentuetapaamisia

Osa kasvattajista pitää pentuetapaamisia kerran tai pari vuoteen. Se on yleensä vain hauskaa yhdessäoloa, toisiin koiriin tutustumista, mutta ehkä myös jotain opettavaista.Kasvattaja pääsee näkemään omia jalostuksellisia tuloksiaan yhdessä paikassa ja pystyy vertailemaan pentuja keskenään. Myös kasvattien omistajille se voi olla antoisa kokemus nähdä muiden pentujen kehitystä. Se tuo myös ihmisiä lähemmäs toisiaan ja hyvä on keino tutustua ihmisiin.

*Meillä on pentuetapaaminen kerran vuodessa kesällä mökillämme. Pennut juoksevat vapaana - pidetään tietoinfo (eli lähinnä aina koiran trimmaus (mallina emä), vepeä, ruokinnasta jotain). Päivä jatkuu yleisellä keskustelulla, ruokailulla ja kahvituksella. Palautetta ei suoraan ole tullut, mutta aina muutama pentu tulee kaukaakin mukaan, joten ilmeisesti tämä kannattaa. Samalla kasvattaja näkee useita omia kasvattejaan.*

    Bettina Salmelin, Kennel Watercubs
    newfoundlandilainen

## Miksi siis kasvattaa?

Kasvattaminen on suhteellisen hermoja raastavaa pohtiessasi narttusi sopimista jalostukseen, terveyttä, miettiessäsi mikä uros sopisi juuri sinun nartullesi ja tutkiessasi sukuja, odottaessasi juoksuja ja matkatessasi astuttamaan mahdollisesti kauaskin. Myös näyttelyt ja kokeet vievät aikaasi ja rahaasi. Joudut jännittämään niin alkavan tiineyden, kuin synnytyksenkin ja kohtaamaan myös pettymyksiä kaikkina aikoina. Pentujen kuolemat ovat osa kasvattamista kuten myös ihmisten kateellisuus ja kriittisyys tekemiäsi kohtaan. Mutta kun saat pentueen maailmalle ja paljon uusia ystäviä sekä onnistumisia ehkä kilpakentillä tai vain omistajien kehujen myötä tiedät tehneesi hienon työn. Kaiken kaikkiaan ne hyvät hetket pentulaatikon ääreltä uusien omistajien tyytyväisyyteen ja onnistumisiin on tärkeämpää kuin se suuri työ joka sen eteen teet. Tästä syystä moni ihminen on valinnut kasvattamisen elämäntavakseen.

---

*Hyviin kokemuksiin miellän jokaisen onnistuneen ja hyvin menneen synnytyksen. On myös todella suuri ilo seurata jos oma kasvatti pärjää näyttelyissä, kokeissa tai kotona. Yleensä pyrin muistamaan kaikkia menestyneitä kasvatteja, sillä kasvattajan kannustaminen merkitsee paljon koirien omistajille. On myös hienoa palautetta se kuinka omistajat luottavat minuun kasvattajana, sillä joillakin ihmisillä on jo kolmas koira minulta.*
    *Tuula Suhonen, Kennel Von Sarisheim*
    *saksanpaimenkoira*

*Kaikista upein hetki oli tämän vuoden erkkarissa, kun yksi pentujen omistaja/kasvattaja tuli oikein iloisena meidän teltan luo ja hihkaisi kehän jälkeen "Onneksi olkoon kasvattajalle!". Kehässä oli 20+ avoimenluokan urosta joista 5 sai ERI. Meidän pennut sijoittuivat ERI3 ja ERI5 Myöhemmin samana päivänä kolmas kasvattini oli 20 avoimenluokan nartun joukossa nartun ERI5, vain 7 narttua sai ERI.n. Kyllä minä olin ylpeä.*
*Se oli Erikoisnäyttely!*
  Bettina Salmelin, Kennel Watercubs
  newfoundlandinkoira

*Jokainen syntynyt pentue on ollut hyvä hetki.*
*Pentujen hoitaminen luovutusikään saakka on palkitsevaa, ihanaa ja antoisaa, huolimatta siitä, että se on myös paljon työtä vaativaa.*
*Uusiin ihmisiin tutustuminen on tuntunut hyvältä ja se, että kaikille lapsille on löytynyt niin oivalliset ja rakastavat kodit. Mitään suurempia mullistuksia tai mahtavia menestyksiä ei kennelissäni vielä ole ollut enkä tiedä tuleeko olemaankaan. Pienet asiat ovat tärkeitä, pienet asiat tuottavat hyviä hetkiä. Ilo ihmisten silmissä ja sydämissä.*
  Sirkku Slip, Kennel Jitterpug
  mopsi

*Olen ollut todella tyytyväinen tähänastisiin pentueisiin niin luonteen, terveyden kuin ulkomuodonkin osalta, sekä tietysti niiden uusiin koteihin! Olen myös saanut todella runsaasti uusia ystäviä ja yhteistyökumppaneita niin pennunomistajista kuin toisista kasvattajista, ulkomaita myöten! Ja kyllähän se kieltämättä kasvattajaa hivelee kun oma kasvatti pärjää esimerkiksi näyttelyissä. Vaikka kasvatuksen ikävistäkin puolista (mm. pentujen menetyksiä)on kokemusta, se miten onnellisia uudet kodit karvaisesta perheenjäsenestään ovat, auttaa kummasti jaksamaan eteenpäin!*

    Kati-Maaria Tanttu, Kennel Mertkumutkan
    estrelanvuoristokoira, tiibetinspanieli, griffon

*Hyviä hetkiä ovat ne, kun omistajat kertovat miten upea koira heillä on. Tietenkin näyttelymenestyskin lämmittää mieltä. Hyvänä koen myös sen, että jos kasvatilla on ollut jokin sairaus ja siihen on viimein saatu hoito tai diagnoosi, niin se helpotus niin omistajalle kuin itsellenikin.*
*Huono kokemus on se kun kasvattini jouduttiin lopettamaan 1 v 4 kk ikäisenä perinnölliseen sairauteen. Onneksi ko. koiran omistaja on erittäin ihana ihminen, joten tästä ei tullut riitaa välillemme. Koira korvataan uudella pennulla. Tässä huonossakin kokemuksessa oli se hyvää, että huomasi kuinka paljon omaa kasvattia rakastetaan kodissaan. Ja miten hyvin omistaja pystyi ottamaan kaiken neuvon ja avun vastaan, mitä pystyin tarjoamaan. Hän piti myös koko ajan yhteyttä.*

    Emilia Honkanen, Kennel Viribus Unitis,
    akita

*Kun pennut syntyivät, kaikki elossa ja hyvinvoivina!
Myös se hetki kun kaikille oli kodit ja olin varma päätöksestäni.
Hyvät kodit löytyivätkin, meinasi vaan ensin iskeä epätoivo.
Se oli myös hyvä hetki kun tapasin sijoitustyttöni pitemmän tauon
jälkeen. Neiti oli niin hyväkäytöksinen, että tuumin koiran emännän
onnistuneen koulutuksessa paremmin kuin mitä itse olisin saanut
aikaan*

*Meri Pistokoski kennel Monokuro
shibat*

**KASVATTAJIEN TARINOITA**

# ENSIMMÄINEN PENTUE

*Sirkku Slip kennel Jitterpug*
*mopsit*

Kennel Jitterpug on varsin nuori kennel, eikä pentueita vielä ole kovin monia. Kennelhistorian ensimmäinen pentue syntyi maaliskuussa 2005. Odotusaika ja synnytys sujuivat varsin normaalisti, joskin synnytys käynnistyi muutamaa päivää ensimmäistä laskettua aikaa aikaisemmin. Siitä johtunee seuraavien viikkojen aikana käyty "hävitty taistelu".
Yksi pennuista, pieni musta tyttö, painoi syntyessään vain 70 grammaa ja kolme muutakin heiluivat aivan normaalin painon alarajoilla. Kuitenkin kaikki näyttivät varsin virkeiltä, kävivät hanakasti syömään tissiä, ja maitoa emällä riitti. Kaksi viikkoa tuli lapsosilla täyteen, silmätkin aukesivat ja kaikki olivat lähes tuplanneet painonsa, kaikkein eniten painoa oli kerännyt Pikkaraiseksi nimitetty musta tyttö. Sitten alkoivat ongelmat: tämä pieni tyttö rupesi nostelemaan päätään ja haukkomaan henkeä. Ajattelin sen kaasuuntuvan ja autoin hieromalla ja höyryhengityksellä. Lapsen olo tuli vain huonommaksi, eikä ruokakaan enää maittanut.
Lähdimme eläinlääkäriin, jossa lääkäri totesi hengityksen rohisevan ja kulkevan työläästi. Pentu nesteytettiin, sille laitettiin antibioottipiikki ja sitä hapetettiin. Kotiin mukaan saatiin valmiiksi antibiootilla täytettyjä ruiskuja, joilla jatkaa mahdollisen keuhkotulehduksen hoitoa. Kotiin päästyämme laitoin pikkuisen eläinlääkärin ohjeiden mukaan pentulaatikkoon hiukan pystyasentoon selälleen nukkumaan ja filtin sisälle kärityt, lämpimällä vedellä täytetyt kumihansikkaat pitämään olon lämpöisenä ja mukavana.
Pitkän valvomisen jälkeen ajattelin, että nyt olisi tilaisuus hetkeksi oikaista pitkäkseen ja kuinka ollakaan, uni yllätti.

Nukuin noin tunnin ja kun heräsin, menin välittömästi tarkistamaan, kuinka pieni potilas jaksoi. Ei jaksanut, oli kuollut sillä aikaa, kun minä vetelin unia. Suru oli kova, ensimmäinen pentue ja ensimmäinen pieni kuollut otus – en oikein tiennyt, mihin olisin turhautumistani ja suruani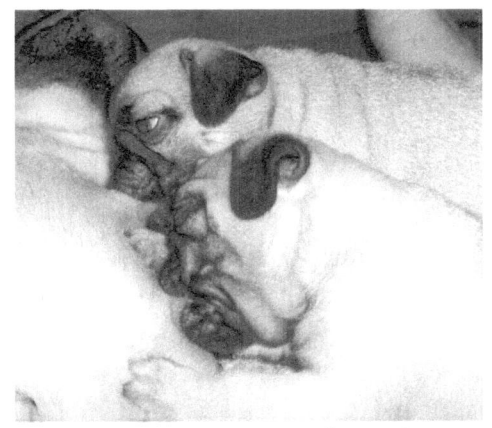
purkanut. Uusi päivä ja muut pennut pitivät huolen siitä, ettei murehtimiselle jäänyt aikaa. Ei kulunut kuin pari päivää Pikkaraisen kuolemasta, kun sen velipoika alkoi oirehtia samalla tavalla. Veimme sen oitis eläinlääkärille, saimme taas antibiootit ja nesteytysvälineet kotiin mukaan, lisäksi hengitystiehyitä avaavaa lääkettä. Noin viikon kävin taistelua pikkumiehen elämästä, yötä päivää. Nesteytettiin, lypsettiin nisistä maitoa ja pipetillä syötettiin, lääkittiin, höyryhengitettiin ja hierottiin, hierottiin ja taas hierottiin. Lopputuloksena kolmen viikon ikäinen poika menehtyi kello kuusi aamulla, minun käsiini, koko yön kestäneen hoidon ja huolenpidon jälkeen. Tilanne oli niin kamala, että vaikka kello oli vasta kello kuusi, soitin siltä istumalta omien vanhempien koirieni kasvattajalle, itkien kerroin mitä on tapahtunut ja sanoin, että en kyllä enää koskaan kasvata yhtään pentuetta.

Nyt on pihallamme pieni kukkapenkki, jonka alla nuo kaksi ensimmäistä pientä vauvaani nukkuvat ikiunta. Niiden kaksi siskoa elävät maailmalla ihan hyvää mopsinelämää, joskin – kuin kohtalon ivaa – kummallakin erittäin paha purentavika. Kasvattaminen ei siihen loppunut kuitenkaan, yhä edelleen uudella innolla odotan uusia vauvoja ja toistaiseksi kaikki muut pentueet ovat selvinneet hyvin.

## PIITUN VAIKEUDET

*Minna Keronen*
*Belgianpaimenkoira*

Piitu oli ensikertalainen pennutuksessa. Uros sille valittiin lähinnä käyttötarkoituksen mukaan. Piitu astutettiin ensimmäisen kerran 26.12 sekä toisen kerran 28.12. Astutukset menivät molemmilla kerroilla niin kuin pitikin. Astutuksesta noin 3 viikkoa Piitu lopetti ilmeisesti pahoinvoinnin takia syömisen noin 4. päiväksi, lopulta sain sen syömään taskusta "makupaloja". Tätä vaihetta neidillä kesti melkein kaksi viikkoa. Tuntui hankalalta syöttää koiraa näin, mutta minkäs teet kun muu ei maistu. Piitu ultrattiin ensin 29. päivä astutuksesta ja toisen kerran 45. päivä astutuksesta. Ensimmäisen ultrauksen jälkeen alkoi taas ruoka maistua myös omasta kupista.

Raskautta oli kulunut 57 vuorokautta kun Piitun lämmöt laskivat alle 37, näin siis aloimme odotella pentujen syntymää vuorokauden sisään. Piitu petasi hieman, mutta muuta ei tuntunut tapahtuvan. Pahaksi onneksi minun piti lähteä yöksi töihin, sillä olin juuri aloittanut uudessa työpaikassa, enkä saanut vapaata. Onneksi ystäväni tuli luokseni ja hän lupasi heti ilmoittaa minulle heti jos jotain tapahtuisi. Mitään ei kuitenkaan yönaikana tapahtunut. Aamulla tulin siihen tulokseen, että otan ainakin puhelimitse yhteyttä eläinlääkäriin ja pyydän hänen mielipidettään asiaan. Eläinlääkäri pyysi vielä hetken odottamaan, jos mitään ei tapahtuisi seuraavaan tuntiin, lähtisimme klinikalle.

Tunti kului eikä Piitu näyttänyt saavan polttoja, se läähätti ja petasi, mutta muuta ei tapahtunut. Näin ollen lähdimme ajamaan kohti eläinlääkäriä. Eläinlääkäri antoi Piitulle kalkkipiikkejä, toivoen, että synnytys käynnistyisi. Näin ei kuitenkaan käynytvaan nartulla alkoi vihreä limainen vuoto. Tästä syystä eläinlääkäri päätyi keisarinleikkaukseen. Pentuja syntyi leikkauksella 8: 3 urosta ja 5 narttua, kaikki elossa ja terveinä. Näin pääsimme koko pesue kotiin harjoittelemaan pentujen hoitoa. Piitun herätessä nukutuksesta se oli hieman ihmeissään pennuista, eikä se oikein tiennyt mitä niille olisi pitänyt tehdä. Näin ollen Piitua joutui hieman opettamaan pentujen hoitoa. Mutta tajutessaan, että pentuja tulee syöttää, se hoiti pentuja todella mallikkaasti.

Pennut kasvoivat ja kehittyivät hienosti, kunnes pennut tulivat luovutusikään. Siitä alkoivat taas vastoinkäymiset. Pennut saivat jostain syystä todella voimakkaan vatsataudin. Näin lähdimme taas eläinlääkärin vastaanotolle. Valitettavasti yksi pennuista ei selvinnyt vaan se kuoli nestehukkaan. Niin pieni pentu kun menettää osan painostaan todella nopeasti. Oli todella raskasta seurata pentujen kamppailua elämästään nesteytyksessä. Lopulta kuitenkin pennut virkistyivät sen verran että loppukuntoutus tehtiin kotona ruokinnalla. Pentujen uudet omistajat joutuivat kuitenkin hieman odottamaan uuden perheenjäsenen kotiintuloa, mutta halusin varmistaa itse, että kaikilla oli kaikki kunnossa. Kuitenkin kaikkien vastoinkäymisten jälkeen pennut pääsivät uusiin koteihinsa.

## SYNNYTYSTARINA

*Johanna Tukiainen, kennel Lovebear`s*
*amerikanakita*

Amerikanakitani Lady oli tarkoitus astuttaa syksyllä 2006. Lokakuun lopulla oli oikea aika astutukselle ja näin ajoimme Mäntsälään, jossa Lady siemennettiin. Koiran käyttäytyminen muuttui kaksi viikkoa siemennyksestä. Lady oli sitä mieltä, että kynsiä ei ole ikinä leikattu, eikä muuten leikata nytkään. (Mikä ei tietenkään pitänyt paikkansa) Siitä jotenkin tiesin, että koira oli tiine. Käytin Ladyn kuitenkin ultrassa, jossa näkyi, että neljä pentua olisi tulossa.

Tiineysaika meni Ladyllä ihan hyvin, mitä nyt loppuajasta koiralla alkoi olla huono-olo, eikä ruoka enää maistunut. Se kuitenkin kävi syömässä salaa raakoja hirvenluita, josta vatsa meni täysin sekaisin. Sitä ulosteiden määrää ei voi edes kuvitella. Toivoa vain sai, että se olisi ollut edes lattialla, mutta kun ei, sitä oli kaikkialla, seinistä lähtien. Onneksi vatsa rauhoittui muutamassa päivässä. Raskausvuorokausia oli 58 kun kävimme illalla normaalisti nukkumaan. Kuvittelin, ettei aika vielä olisi, mutta yö oli koiralla todella levoton. Lady nuoli takapuoltaan ja vaihtoi asentoa jatkuvasti. Aamulla 25.12.2006 (RV59) kävimme lenkillä ja koira toimitti normaalisti molemmat tarpeensa, ei merkkiäkään synnytyksestä. Päivällä rauhallisuus kuitenkin katosi, äkisti Lady alkoi huutamaan suoraa huutoa, kuin joku sitä satuttaisi.
Mieheni Jarkko huutaa minulle että nyt sillä roikkuu joku klöntti takapuolessa ja näin ollen synnytys oli käynnistynyt.
Ensimmäinen urospentu syntyi 13.22 ja sillä oli painoa syntyessään 450g. Seuraava pentu näki päivänvalon 14.13, se oli myös uros, mutta painoa oli vain 225g. Pieni pentu oli todella heikko ja se juuri ja juuri hengitti. Emoa ei kiinnostanut tämä pentu lainkaan, eikä se alkanut hoitamaan pientä.

Muutaman tunnin elvytyksen jälkeen totesin, että on parempi lopettaapentu. Pennun lopettaminen on aina todella rankka kokemus, mutta aina on ajateltava järjellä. Mikä tuottaa pennulle vähiten tuskaa? Tuleeko pennusta normaalia koiraa? Selviääkö se edes myöhemmin ja miksi pitää se väkisin elossa.

Kolmannen pennun syntymään meni aikaa paljon. Lady sai myös kaksi oksitosiini piikkiä ja kolmas pentu syntyi kuolleena 18.48, mutta täysi aikaisena. Tämän jälkeen emältä alkoi vuotaa tummaa eritettä takapuolesta. Kuolleen pennun jälkeen Lady oli päättänyt, että pentuja ei ole eikä tule enempää ja hän menee nukkumaan. Tiesin kuitenkin, että ultran mukaan siellä pitäisi olla vielä yksi pentu, joten ei auttanut kuin pakata koira autoon ja matka eläinlääkäriin ja ultraan alkoi. Ultrassa Ladyllä näkyi vielä kaksi pentua, mutta toivoa niille ei enää annettu. Työllä, tuskalla ja vaivalla saimme nartun nukkumaan ja leikkaukseen. Olin varma, että kuolleet poistetaan kohdusta ja minulle jää pentueesta yksi uros käsiin. Pian eläinlääkäri kuitenkin totesi minulle, että tässä olisi sellainen pentu, jota voisit yrittää elvyttää. Ja niin kävikin, että narttupentu selvisi elvytyksellä elossa. Viides pentu vatsassa oli jo aiemmin kuollut ja ilmeisesti aiheuttanut kaikki ongelmat.

Olen kuitenkin todella tyytyväinen, että kaksi pennuista selvisi! Lady oli hyvin kipuherkkä ja yrittikin jälkipolttojen takia piiloutua pihalle kivikasan alle ja sitäpä sieltä vedettiin ja kiskottiin pois. Kunnollinen kipulääkitys on todella tärkeä että emo (varsinkin alkukantainen rotu) ei kivuissaan satuta pentujaan. Meillä tuo kipu nimittäin näkyi piiloutumisina ja pennuille murisemisena. Pennut kasvoivat hyvin ja ovat tänä päivänä hyvin ihania nuoria amerikanakitoja.

Amerikanakita pentueen kulut kennel Lovebear's vuodelta 2006

Progesteronitesti ti 24.10.06 40€ arvo 1.3
Progesteronitesti to 26.10.06 40€ arvo 3.3
Bensakulut kaikki 2106€
Kilometrit kaikki 1620km
Kohtuun siemennys Mäntsälän Ell asema 172.40€
Matolääke nartulle 5€
Keisarinleikkaus Kitee 25.12.06 321€ (Huom! päivystysaika ja juhlapyhä)
Pentujen matolääke 16€
Bento Kronen Maxi Growth 15kg 44€
Pentuetarkastus ja mikrosirutus 60€
Kaikki yht.(ei ole laskettu auton käyttö kuluja öljyjä ym.vain bensat) 2804.40€

Näistä pennuista 2kpl ei jäänyt käteen edes 200€ kun pennun hinta oli 1500€ kpl eli voitolle kasvattamalla koiria ei todellakaan pääse. Kuten keisarinleikkauksesta huomaa, niin ei tullut otettua eläinlääkärikuluvakuutusta, kuten olisi kannattanut. Tapiolan eläinlääkärikuluvakuutus olisi jättänyt kukkaroon enemmän sillä omavastuu olisi ollut 84€ + 25% vahinko ja vakuutusmaksua olisi tullut n.40€.On upeaa olla jälkiviisas, mutta ehkäpä tästä opin jotakin. Vanha kunnon sananlasku pitää tässä hyvin kutinsa eli Ei vara venettä kaada tai ainakaan vie lepikkoon.

# PENNUNPALAUTUS

*Tuula Suhonen, Kennel Von Sarisheim, saksanpaimenkoira*

Eräs kokemus ei koskaan unohdu mielestäni. Silloin ihmistuntemukseni meni metsään aika pahasti. Perhe haki koiran osamaksulla minulta.
Kyselin rahoja 4 viikon ajan, mutta aina oli jokin selitys miksi minulle ei voinut maksaa. Milloin rahat olivat menneet johonkin muuhun ja milloin sitä tuli vasta myöhemmin. Aloin huolestua asiasta ja soitin tuttavalleni, joka asui samalla paikkakunnalla koiran kanssa.
Tuttavani oli nähnyt pentua lenkillä, ja hän kertoi koiran näyttävän todella lihavalta, löysältä sekä aralta. Olin todella ihmeissäni, sillä pennun ei missään nimessä pitänyt olla arka. Suutuin toden teolla ja päätin, että koira haetaan takaisin vaikka väkisin.
Itse en töideni takia päässyt koiraa hakemaan, mutta laitoin mieheni ja ystäväni matkaan. Itse ilmoitin asiasta asianomaisille sekä ilmoitin myös asiasta paikalliselle poliisille. Selitin heille maksuhäiriöistä, siitä miltä koira oli näyttänyt ja että koira olisi virallisesti edelleen minun. Poliisi lupasi olla avuksi, jos sellainen tilanne tulisi.
Mieheni ja ystäväni saapuessa paikalle, koira kuitenkin luovutettiin heille ilman riitoja. Ostaja kertoi syöttäneensä koiralle perunankuoria, koska joku oli häntä neuvonut niin tekemään.
Pentu oli mieheni nähdessään muuttunut täysin, se oli riemastunut ja nuollut naamaa ja katsonut, että nyt mennään kotiin.

## ESIMERKKI TERVEYSKYSELY

Mitä kasvattien omistajilta voisi kysyä koiran terveyteen liittyen?

Koiran tiedot
- Kokonimi
- Kutsumanimi
- Uros/Narttu
- Rekisterinumero

Omistajan tiedot
- Nimi
- Yhteystiedot

Koiran kuolema
- Ikä
- Syy

Perushoitoon liittyvät tiedot
- Omistajan oma arvio koiran kunnosta
- Ruokinta (Nappulat/koti/barf)
- Ravintolisät
- Madotus (monta kertaa v)
- Rokotukset
- Trimmaus (?/vuodessa)
- Muu turkinhoito (Harjaus, Ongelmat esim. takut)
- Liikunta
- Harrastukset

Viralliset tutkimustulokset:

Syntymäviat
- napatyrä, häntämutka, purenta, ongelmat

Tulehdukset
- Mitä ja kuinka usein

Hampaat
- hoito?
- Onko kaikki?
- purenta
- poistettu?

Muuta terveyteen liittyvää ongelmaa
- Sterilisaatio, allergiat, iho-ongelmat, kasvaimet, muuta?

Nartun omistajalle
- juoksut ensimmäinen___
- Välit___
- Valeraskaudet
- Tulehdukset
- Lisääntymisongelmat
- Pentueet/Synnytykset, Monta pentua___

Uroksen omistajalle
- Kivekset laskeutuneet?
- Ongelmia rauhasissa?
- Tulehduksia?
- Jälkeläisiä? Monta pentuetta?

Koiran Luonne
Millainen luonne, arka, ystävällinen, paukkuarka, varautunut....

# PENTUPÄIVÄKIRJA

*Tarja Tuomisto kennel Tachetee*
*kaukasianpaimenkoira*

Tachetee A-pentue
2004

26.12. Silkki synnyttää ensimmäisen pennun
tapaninpäivänaamuna klo 7.50 ja viimeinen
pentu syntyy klo 15.44. Pentujen
syntymäkeskipainoksi punnitaan 544 grammaa
2005
1.1. Hukka-isä nauttii uudenvuoden ilotulituksista
yrittäen hyppiä taivaalle niitä kohti,
ja Silkki nauttii äitiydestä täysin siemauksin.

2.1. Pentujen todetaan viikkopunnituksessa tuplanneen
painonsa, keskipaino on nyt 1.133gr. Suurin urospentu
painaa 1.210 grammaa, ja pienempi narttu painaa
1.030 gramma. Pentue on hyvin tasainen, ja kaikki ovat
kasvaneet ja kehittyneet hyvin.

**Pennuille annetaan nimet:**

Astara lyhytsukkainen narttu
Allyshapitkäsukkainen narttu
Akrabadabra kirjava uros
Aardwolf vaalea uros
Amoor pitkäsukkainen, iso uros
Astroy mahassa v-kuvio
Agio mahassa viiva-kuvio

9.1 Pennut ovat kaksiviikkoisia, ja ne saavat
ensimmäiset matolääkityksensä. Niiden kynnet
leikataan myös ensimmäisen kerran.
Muutaman pennun silmät ovat avautumassa,
ensimmäisenä silmät avautuivat Allyshalla.
Pennut ryömivät ympäri pentulaatikkoa, ja Silkki hoitaa
niitä todella hyvin. Ne leikkivät kömpelösti yrittäen
pureskella toisiaan.

16.1. Kaikki pennut ovat jo ottaneet ensiaskeleensa,
ja ne reagoivat selvästi ympäristön ääniin ja valoihin.
Aardwolf tömpsähtää pentulaatikon reunan
yli, ja vikisee eksyneen oloisena takkahuoneen lattialla.
Pennut ovat kasvaneen todella paljon.
Suurin poika Agio painaa viikkopunnituksessa jo
lähes 3 kiloa. Tytöt ovat selvästi pienempiä, ja
erottuvat femiinisinä joukosta.
Pennuille syötetään hiukan jauhelihaa totutteluna
kiinteään ravintoon.

18.1. Pennuilla on jo selkeästi kaikki hampaat puhjennet.
Nyt pennut ottavat jo useamman askeleen, ja muuttuvat
koko ajan suloisemmiksi, murisevat, heiluttavat
häntää ja leikkivät ruokailuiden välillä, mutta nukkuvat
edelleen suurimman osan vuorokaudesta.
Silkki viettää välillä aikaansa pihalla,
yleensä kaivautuen kuoppaansa portaiden alla.

19.1 Pennuille aletaan tarjoilla Hillsin large
breed-penturuokaa.

23.1 Pennut täyttävät neljä viikkoa ja ne saavat uuden
matolääkityksen.

Lääkitystä varten ne punnitaan, ja havaitaan,
että pentujen kokoerot ovat kasvaneet.
Agio painaa jo 4.160 grammaa ja nartut ovat lähes
kilon verran pienempiä. Pentujen väsähtäessä on
niiden kynnet helppo leikata.

26.1 Hukka kävi varovaisen oloisena katsomassa pentujaan.
Totesi ne komeiksi ja hyvinvoiviksi, mutta päätti
edelleenkin jättää Silkin huoleksi pentujen
hyvinvoinnin varmistamisen.

27.1 Pennut ulkoilevat ensimmäisen kerran.
Tästä lähtien ne saavat käydä ulkona päivittäin,
aina sään salliessa. Ensimmäistä hämmästyttävää
ulosvientikertaa lukuun ottamatta pennut ovat hyvin
riehakkaita ulkona, ja tutustuvat mielellään
lumimaisemaan. Lyhyen ulkoiluhetken aikana pennut
eivät ehdi kylmettyä, ja raskaiden pentujen on paljon
helpompaa juoksennella lumialustalla kuin sisätilojen
liukkailla pinnoilla. Ruokailujen jälkeiset leikkihetket ovat
hyvin riehakkaita, ja myös ihmishoitajat saavat
tuntea pikku naskalien puremat käsissään.
Voi Silkki raukkaa, kuinkahan kauan se enää haluaa
imettää ahnaita pentujaan?

30.1 Pennut täyttävät viisi viikkoa. Ne ulkoilevat
leudon sään kunniaksi kolme kertaa. Illalla ne
lähtevät takkahuoneen pantulaatikosta innokkaasti
tutkimaan taloa. Ovat reipastuneet ja
luonne-erotkin alkavat jo näkyä.

3.2 Pentujen leikit ovat melko rajuja,
välillä kaveria vedetään hännästä niin,
että vedettävä liikkuu taaksepäin

kymmenenkin senttiä.

6.2. Pennut ulkoilevat päivittäin, ja reippaimmat
seuraavat ulkoiluttajaa jo kymmeniä metrejä.
Silkkikin haluaisi leikkiä pentujen kanssa, mutta
pentujen on vaikea hahmottaa missä jättiläis- äiti
liikkuu ja vastata leikkihaasteeseen.
Pennuille tarjotaan myös uusia kokemuksia, Astara oli
mukana autoajelulla. Tästä lähtien kaksi pentua saa
aina vuorollaan olla intensiivisemmin kanssamme,
jotta ne eivät olisi koko aikaa laumassaan.
Pennuista on paljon iloa, voi kauheaa,
ensimmäinen pentu muuttaa uuteen kotiinsa jo
ensi sunnuntaina. Pennut madotetaan jälleen.

13.2. Silkki vierotetaan pennuista kun pennut
täyttävät seitsemän viikkoa, ja ensimmäinen
pennun uuteen kotiin lähtö tapahtuu. Muutaman päivän
imetystauon jälkeen Silkki ehtyy ja saa taas nauttia
pentujensa hoidosta. Äitiys on todella sopinut Silkille,
se on ollut koko ajan hyväntuulinen ja
rakastava mammakoira.

15.2. Pennut tunnistusmerkitään mikrosirulla.
Illalla huomaamme lauman pienentyneen selvästi,
uusiin seikkailuihin ovat jo lähteneet urokset
Astroy, Akrabadabra ja narttu Allysha.

20.2 Jälleen laumassa käy kato, uros Aamor
lähtee pitkälle kotimatkalleen.

26.2 Pentujen leikit ovat rajuja ja ääntäkin käytetään
niin, ettei puhe tahdo ärinän joukosta kuulua.
Pennut täyttävät kaksi kuukautta, ja uros Agio

haetaan uuteen kotiinsa vanhan kaukkarinartun
ja pystykorvan kaveriksi.
Astaran ja Aardwolfin
keskinäiset leikit ovat hiukan hillitympiä, mutta hyvin
ehtiviä pennut kuitenkin ovat!

26.3 Astara lähtee omaan kotiinsa tasan kolmen
kuukauden ikäisenä.

## MISTÄ KAIKKI ALKOI?

*Henna-Riikka Backman, kennel Jarfa's
suomenlapinkoira*

Rotua olen harrastanut 90-luvun alusta. Jossain vaiheessa aloin haaveilla ensimmäisestä omasta pentueesta, koska koin, etten löydä mieleisiä pentuja itselleni markkinoilta. Tuossa ajatusten alussa haaveet olivat aika musta-valkoisia. Haaveilin mustista nutuista, valkoisista poskista, tietynlaisesta rakenteesta, ja turkinlaadusta. Ensimmäinen suomenlapinkoiran oli todella kova haukkumaan, ja sillä oli kaihit. Tässä oli ne aloituksen tärkeimmät asiat, joita haluaisin korjailla. Koira ei saisi olla haukkuherkkä, valitsin yhdistelmät tarkkaan siten etten yhdistänyt haukkuherkkiä linjoja. Toisaalta silmäsairauksia en halunnut, olen panostanut siihen aina paljon. Ensimmäisessä pentueessani miltei kaikki mahdollinen meni mönkään. Pentu oli selkä edellä tulossa, yksi kuoli, yksi pelastettiin sisältä 12h synnytyksen käynnistymisestä täysin elossa. Emänartun meinasi viedä paha kohtutulehdus, josta se ihme ja kumma selvisi. Ei siis ollut mitenkään helppo aloitus. Monesti mietin että se oli ensimmäinen ja viimeinen pentueeni. Toisaalta olin saanut siinä useamman vuosikerran opin yhden pentueen aikana, miksen jatkaisi, ja yrittäisi oppia enemmän, siispä jatkoin.

Miten aloittaa?
Aloittavalle kasvattajalle on äärettömän tärkeää millaisilla koirilla aloittaa kasvattamisen. Kyseinen koira, koirat, tulevat olemaan kantanarttuja koko kasvatustoiminnallesi. Inhimillisyyttäkin täytyy olla. Täydellistä koiraa, ja linjaa ei ole olemassakaan. Täytyy osata yhdistää oikein, ja siltikin toivoa parasta.
Kun itse katson 18 pentueen taakse, löydän uusimmistakin kasvateistani edelleen sitä minkä laitoin alulle ensimmäisissä pentueissani. On ilo huomata että vaikka sukupolvet menee eteenpäin, se tuttuus löytyy uusistakin kasvateista.

Kasvattaja ei koskaan voi tukeutua mihinkään yksittäiseen tahoon, ja jättää tekemättä työtään. Kasvattajan täytyy nähdä todella paljon vaivaa jokaisen yhdistelmän eteen. Se että ladot kymmenen urosta jalostustoimikunnan päätettäväksi, ei mielestäni ole kasvattamista alkuunkaan. Kun kasvattaja suunnittelee pentuetta, paras keino siihen on luoda sukutaulu, tulostaa se, ja kirjoittaa jokaisen sukutaulussa näkyvän koiran kohdalle yhdistelmään tulevat riskit. Se että riskit on tiedossa, vaatii todella paljon työtä ja asioiden omatoimista selvittelyä. Joskus olen soitellut, ja kontaktoinut 3 sukupolvea koirien omistajia, kun olen jotain yhdistelmää suunnitellut. Suosittelen että jokainen kasvattaja luo itselleen tietokannan oman rotunsa terveystiedoista. Vaatii loputonta intohimoa ja viitseliäisyyttä omaa rotuaan kohtaan, että jaksaa vuosi toisensa jälkeen kuokkia terveystiedon murusia tietokantaansa.

# ORPOPENNUT

*Liisa Mikkonen, Kennel Urkkalammen dreeveri*

28.8.2007

Joensuun seudulla liikkui tekstiviesti. 6 pystykorvan pentua etsii sijaisemoa Kontiolahdella. Oma emo kuoli keisarinleikkaukseen. Etsinnässä olisi narttu jolla olisi pieni pentue tai mahdollisesti omat pennut menehtyneet.
Pennut syntyivät maanantain ja tiistain välisenä yönä.

Puhelin soi meillä puolenpäivänaikaan ja juttelimme muissa asioissa soittajan kanssa. Puhelun aikana kuitenkin tuli puheeksi, että meillä oli 4 päivänikäiset dreeverin pennut tuhisemassa rauhallisen ja leppoisan Manta-äidin hoivissa. Saimme kuulla silloin orvoista pystykorvan pennuista ja päätimme yrittää tarjota pentuja Mantalle.

Vaikka olimmekin kasvattaneet koiria jo useita vuosia, ei kohdallemme ollut ennen sattunut tällaista tilannetta. Tästä syystä oli todella jännittävää ja ehkä stressaavaakin ottaa vieraat pennut luoksemme. Pennut saapuivat samana iltana puhelusta. Olin hieman yllättynyt kuinka hyväkuntoisilta ja tyytyväisiltä vuorokauden ikäiset pennut näyttivät.

Jännittyneenä ja varovaisesti tarjosimme Mantalle ensin yhtä pentua. Manta nuuski pentua mielenkiinnolla ja nuoli sen puhtaaksi. Tämän jälkeen nostin pennun dreeverin pentujen sekaan nisälle ja nostelin myös muut orvot toisten joukkoon. Manta kävi vielä itse tarkastamassa korin, ettei sinne jäänyt yhtään pentua. Manta hyväksyi pennut heti omikseen.

Ensimmäinen yö oli minulle vaikea, en saanut unta kun vastuu vieraista pennuista painoi. Nousin usean kerran tarkastamaan tilanteen pentulaatikossa ja seuraavana päivänä oman yrityksen ovet tuli suljettua hieman etuajassa, jotta voisi mennä toteamaan että kaikki pentulaatikossa oli kunnossa. Seuraavana yönä minun ei enää tarvinnut herätä yhtä monta kertaa tarkastamaan ja pystyin jo hieman rentoutumaan uuden tilanteen edessä. Olin myös tiedostanut tilanteen itselleni, että ilman Mantaa pennut eivät välttämättä olisi enää elossa.

Ruokinta ja lisäkalkki olivat suuressa osassa Mantan elämää, suurpentueen ruokinta kun vaatii emältä paljon. Manta söi kuitenkin hyvin ja maito riitti kaikille 10 pennulle, joten lisäruokintaa pennut eivät tarvinneet. Pennut kasvoivat Mantan hoivassa kuukauden verran, jonka jälkeen ne palasivat oikean kasvattajan luokse. Nyt jälkeenpäin voin sanoa, että saattaisin uskaltaa lähteä auttamaan toisenkin kerran kun kaikki meni näin hyvin. Ehkä seuraavalla kerralla en itse jännittäisi niin paljoa.

Osittain lähteenä käytetty Koiramme-lehteä

# KOHTUTULEHDUS

*Anu Nieminen kennel Susirinteen espanjanvesikoirat*

Olin lenkillä koirani kanssa enkä aluksi havainnut että narttu pissaa aika reilusti. Lenkin jälkeen lähdimme pelastuskoiratreeneihin, ja jälleen narttu pissasi. Koska se ei vaikuttanut mitenkään kipeältä, päätin seurata tilannetta. Omalla harjoitusvuorollaan narttu yhtäkkiä tuntui unohtavan täysin, mitä oli tekemässä ja alkoi vain haahuilla ja haistella maata. Täysin poikkeuksellista käytöstä, ja kun se samalla myös pissasi taas, arvelin että kyse voisi ehkä olla kohtutulehduksesta. Soitin eläinlääkäriin ja kysyin pitäisikö tulla, vaikka koira ei vaikuta kipeältä. Sanoivat että voisin tulla, otetaan tulehdusarvot. Matkaa oli kolmisenkymmentä kilometriä ja sinä aikana kohtu olikin auennut niin että märkää oli valunut auton penkille. Ulkona taas pissaili paljon ja märkää alkoi valua joka paikkaan.

Lääkärillä otettiin tulehdusarvot ja niitä odotellessani soitin ystävälleni, joka kehotti pysymään lujana, eikä suostumaan jos aikovat lähettää kotiin. Tämä olikin hyvä neuvo, koska vaikka koira nyt oli jo selkeästi hyvin kivulias, lääkäri olisi mielellään laittanut kotiin odottelemaan, kello kun oli jo iltakymmenen. Vaadin leikattavaksi ja niin tehtiin. Kohtu oli vielä hyvässä kunnossa, kun ajoissa leikattiin. Seurasin leikkauksen alun ja se olikin aika huima kokemus, olimme nimittäin Saaren eläinklinikalla Mäntsälässä, joka on eläinlääketieteellisen sivuyksikkö, päivystämässä oli väitellyt tohtori, jolla oli ihan oma tyyli leikkauksessa. Hän käytti siinä epiduraalipuudutusta (Saarella ei ole nykyaikaista nukutuslaitteistoa, vaan eläimet rauhoitetaan lääkkeillä), lienee hyvin harvinaista käyttää epiduraalia. Se on myös hurjan näköistä, kun pistetään piikki koiran selkärankaan. On pakko ihailla tämän lääkärin taitoja, joskin olin pyörtyä kauhusta ja vakuuttunut, että koirani halvaantuu tai vähintäänkin saa jonkun kamalan tulehduksen kun klinikan tilojen yhteydessä on navetta.

Seuraavana päivänä koira olikin sitten todella kipeä, oksensi vihreää oksennusta, kulki ja valitti, mitä ei todellakaan normaalisti tee. Vaikutti siis todella sairaalta. Soitin lääkäriin ja sielläkin huolestuttiin oireista, ja ei kun takaisin, todella mukavasti tämä toinen lääkäri arveli puhelimessa että kohtu onkin kenties ehtinyt puhjeta ja vuotaa märkää sisuskaluihin, jolloin munuaiset ovat tohjona ja koira kuolee. Kauhuissani ajelin sitten 60 kilometriä lääkärille... Se päivä oltiin tiputuksessa, tulehdusarvot otettiin taas ja helpottavasti kävi ilmi, että koira sittenkin säilyy hengissä. Voimakkaiden oireiden syy ei kuitenkaan selvinnyt.

Seuraavana päivänä oireiden jatkuessa arvelin että voin yhtä hyvin mennä paikalliselle lääkäriasemalle. Siellä paikkakunnan kuuluisa guru-eläinlääkäri tutki koiran ja keksi heti, mikä on vikana. Leikkaus oli provosoinut erittäin voimakkaan valeraskausoireiston. Hoidoksi Galastopia ja kas, koira koki ihmeparantumisen.

# KAASUUNTUVA POIKA

*Sirkku Slip kennel Jitterpug*
*mopsi*

C-pentueessamme oli yksi poika, joka kolmiviikkoisena alkoi kaasuuntua. Kaasuuntuminen alkaa yleensä juuri tuossa iässä, sitä aikaisemmat hengitysvaikeudet johtuvat useimmiten pennun kehittymättömyydestä tai jostakin synnynnäisestä viasta.

No, tämä poika alkoi pitää päätä ylhäällä suunnilleen tasan kolmen viikon iässä. Se mennä möngersi ympäri pentulaatikkoa ja vikisi, koska sen massu mitä todennäköisimmin oli erittäin kipeä. Tällaisen pennun hoito vaatii paljon aikaa ja kärsivällisyyttä. Ruoka ei tahtonut maittaa, kiinteää oli jo aloiteltu ja sitä yritin sitten pienen pieninä nokareina saada menemään alas. Piimää jouduin teelusikalla pakkosyöttämään ja joka kerran laskin, että ainakin yksi...ainakin kaksi...ainakin kolme lusikallista jne. Tissille sain pojan tulemaan, kun muut hosuvammat olivat aterioineet ensin ja kun tarpeeksi houkuttelin nisällä. Jos toiset touhupetterit olivat samaa aikaa imemässä niin tämä yksi veijari pakitti kokonaan pois.

Hieroa piti vähän väliä. Eikä mitenkään kevyin ottein vain oikein voimakkaasti pitkin vedoin ylhäältä alas, niin kauan, että pentu selkeästi lakkasi jännittämästä itseään, valahti veltoksi sormien hankaan ja nukahti. Siitä sitten siirretiin selälleen makaamaan pentulaatikkoon ja niin kauan kuin selällään pysyi, tiesi että massussa on kaikki OK. Rauhallinen tila kesti yleensä noin tunnin ja sitten alkoi taas vikinä.

Pieni poika jäi kasvussa veljistään jälkeen eikä myöskään noussut samalla tavalla jaloilleen. Käveleminen viivästyi, ja kun käveli, niin jalat lipsahtelivat levälleen tuon tuostakin.

Nyt veljekset ovat jo aikuisia koiria eikä tämä massuvaivoista ja "länkkärisääristä" kärsinyt nassikka ole yhtään sen sairaampi tai huonompi koira kuin veljensäkään. Iloinen, touhukas, kaunis ja sosiaalinen musta uros, vaikka pelkäsinkin, että pitkällisten ja epämiellyttävien käsittelyjen jälkeen siitä kasvaisi varsinainen ihmisvihaaja.

# KOIRAN TUONTI SAKSASTA

*Aino Räsänen kennel Black Jade's skotlanninhirvikoira*

Suomessa skotlanninhirvikoirien kanta on pieni, ehkä noin 150 skottia. Kun oli päättänyt aloittaa skottien kasvatuksen, tuli ajankohtaiseksi hankkia "jalostusmateriaalia" Suomen rajojen ulkopuolelta.
Kun löysin Saksasta mieleiseni yhdistelmän sopivalla sukutaululla, pennut eivät olleet siinä vaiheessa vielä syntyneetkään. Valintaani vaikuttivat suurelta osin juuri pentueen sukutaulu, mutta myös pentujen vanhempien tulokset sekä näyttelyistä että myös vinttikoirien käyttökokeista eli rata- ja maastokilpailuista. Hain tarkoituksella sellaista yhdistelmää jossa oli myös toimivia käyttökoiria.

Vierailin kasvattajan kotisivuilla säännöllisesti, odotellen pentujen syntymää ja tietoa siitä syntyisikö urospentuja.
Kun pennut olivat n. 3-viikkoisia, kirjoitin kasvattajalle ensimmäisen kerran. Kirjoittelimme toisillemme kuukauden ajan ja koska saisin valita mieleiseni urospennun, päätin matkustaa kasvattajan luo. Onhan varmempi valita pentu paikanpäällä, kuin pelkän kuvan perusteella. Samalla tutustuin myös kasvattajaan paremmin ja näin myös kaikki pennut ja niiden emän.
Matkustin Saksaan lauantaina ja takaisin Suomeen jo seuraavana päivänä sunnuntaina. Sain kuitenkin viettää paljon aikaa pentujen kanssa, koska yövyin kasvattajan kotona. Valinta oli selvä melko nopeasti, ja siitä alkoikin pitkä odotus kunnes pennun sai Suomeen tuoda.

Saksasta Suomeen tuotaessa pennulta vaaditaan rabies-rokotus ja Echinococcus- eli heisimatolääkitys.

Rabiesta ei ole tapana pistää ihan pienelle pennulle joten rokotuksen jälkeen oli vielä 21 vuorokauden odotusaika ennen kuin pentu sai Suomeen tulla. Meidän "pikkupentu" olikin jo 3,5 kuukauden ikäinen ja 15-kiloinen, kun lopulta saimme hakea sen Helsingistä. Kasvattajan mies lensi pennun mukana Helsinkiin ja lentokentällä vaihtoi omistajaa sekä rahat että koira.

Tämä tuonti sujui todella helposti. Kasvattajaan olimme yhteydessä lähes päivittäin ja hän hoiti kaikki tuontiin liittyvät asiat loistavasti. Ainoastaan rekisteripapereita joutui odottelemaan, koska tuontia ja pennun tulevaa Suomen Kennelliiton rekisteröintiä varten tarvittiin Saksan Kennelliitosta "export pedigree". Saksasta paperit sain n. kolmessa kuukaudessa. Koiran saanti Suomen rekisteriin veikin sitten pidemmän ajan... Koira kerkisi täyttää kokonaisen vuoden kunnes se oli Suomen rekisterissä.


kustannukset 2006:

- pennun hinta 1200e
- matkakustannukset pennun valintareissulle Saksaan (sis. junaliput, lennot ja 1 yö hotellissa) n. 400 e
- pennun rahtikulut lentokoneessa Suomeen tullessa 250e
- bensakulut 50e

yht. 1900e

# NISÄTULEHDUS

*Henna-Riikka Backman, Kennel Jarfa's suomenlapinkoira*

Eräs narttuni meinasi kuolla nisätulehdukseen. Kävi vielä niin että ensimmäinen lääkäri hoiti sitä kalkkikramppina, vaikka itse olin alusta asti varma että kyseessä on nisätulehdus. Seuraavana aamuna menin toiselle eläinlääkärille, ja se pelasti nartun hengen. Lääkkeet saatiin, siitä huolimatta nisä räjähti, teki ajoksen, mätä ja veri valui ulos. Toipumisprosessi oli pitkä. Narttu ei meinannut kestää jaloillaan ensimmäiseen viikkoon. Onneksi pennut olivat jo liki 6 viikon ikäisiä.
Laittakaa suuri huomio nisien tarkkailuun.

Meillä on aina silloin tällöin yrittänyt tulla nisätulehdus. Siispä otan tavaksi tutkia imettävän emän nisät joka päivä. Jos huomaan että johonkin nisään alkaa keräytyä maitoa, se ikään kuin menee laataksi, sitä on pakko alkaa hoitamaan. Joskus nisä on ehtinyt jo vaihtamaan väriä punaiseksi tai purppuraksi, tuolloin se on tulehtunut. Mikäli tiehyet eivät ole vielä tukossa, ja maitoa tulee, voi nisää yrittää hoitaa itse. Kolmesti päivään nisää hierotaan 10min verran. Siihen voi asetella lämpimiä kaalinlehtiä, tai kauratyynyä. Kun se on lämminnyt, sitä tulee hieroa pehmein pyörivin liikkein.

Maitoa täytyy saada myös ulos. Itselläni on tapa laskea 3 kertaa kymmeneen, eli lypsää nisästä 30 kunnon ruiskaisua. Tämä toistetaan kolmesti vuorokaudessa niin kauan kunnes nisän väri normaali, ja nisä itsessään pehmeä ja tyhjä. Kun maitoa alkaa pakkautua, maidon ph muuttuu ja sen maku muuttuu pahaksi, pennut alkavat kiertämään nisän kaukaa. Sen vuoksi ihmisen on hoidettava se. Mikäli nartulle on ehtinyt tulla kuumetta, ja nisä on todella kova, on välittömästi mentävä lääkäriin. Tämä on aika päivystysluonteinen asia!

## KAKSOISASTUTUS

**Mervi Holopainen, Kennel Candysho's
valkoinen länsiylämaanterrieri**

Kun rupesin miettimään narttuni astutusta, en vielä tiennyt minkä uroksen haluaisin. Aikaa kului melkoisesti sukutaulujen ja terveystilastojen tutkimiseen.
Kun juoksun aika alkoi lähestyä kuulin, että Suomessa olisi erään kasvattajan luona lainassa kaksi urosta ulkomailta. Soitin ja kysyin mahdollisuutta käyttää näitä molempia nartulleni. Kävi oikein hyvin. H-hetken ollessa käsillä varustin narttuni kyytiin ja ajelin melkein 400 km Etelä-Suomeen.

Molemmat urokset olivat aivan ihania. Molemmilla oli mahtava luonne, mutta itse pidin enemmän vanhemmasta uroksesta. Tämä suomalainen kasvattaja oli käyttänyt molemmat silmä- ja polvitarkastuksessa Suomessa. Uroksista oli otettu myös DNA-näytteet.
Olin vienyt nartun tullessani jo eri huoneeseen, ja nyt lähdimme tämän vanhemman uroksen kanssa tutustumaan neitokaiseen. Ihastus taisi olla molemminpuolista. Astutuksen oli tarkoitus tapahtua pöydällä ja näin olisi helpompaa avustaa astutusta. Nostin nartun pöydälle ja toinen kasvattaja uroksen, joka pääsi tosi toimiin ollen jo vanha tekijä astutushommissa. Astumisen jälkeen uros vietiin pois ja minä jäin joksikin aikaa pitämään nartun peräpäätä ylhäällä. Tämän jälkeen pidimme "kahvitauon" ennen kuin toinen uros tuli astumaan. Sama prosessi toistui uudelleen. Astutuksen jälkeen vein nartun autoon odottamaan kotiin lähtöä.

Teimme paperit astutuksesta, maksoin hyppyrahan ja lähdimme ajelemaan kotiin.

**Dna-testi**

Pentujen ollessa noin neljän viikon ikäisiä alueemme kennelneuvoja tuli ottamaan näytteet Dna-testiä varten. Näyte otettiin myös emältä. Ensin pennuille laitettiin mikrosiru ja sitten niistä otettiin niskasta karvatuppinäyte teippiin. Jokaisen pennun tiedot kirjattiin omiin kortteihin, jotka menivät Finnzymesille DNA-näytteen tutkimista varten. Odotin tuloksia noin kaksi ja puoli viikkoa. Ja kuinkas kävikään – kaikki pennut olivat samalle isälle, sille joka ensimmäisenä astui. Kennelliittoon lähetettiin "lähete polveutumis- ja dna-määritystä varten"-lomake samalla, kun se lähetettiin Finnzymesille.

**Rekisteröinti**

Maksoin uroksen omistajalle pentumaksut ja täytin pennuista pentueilmoituksen, jonka lähetin uroksen jalostusoikeuden haltijalle allekirjoitettavaksi. Hän lähetti lomakkeen Kennelliittoon rekisteröintiä varten. Kennelliitossa rekisteripapereihin merkittiin rekisterinumeron jälkeen P ilmaisemaan tehtyä polveutumistutkimusta.

**Terveystarkastus**

Ennen luovutusta vein pennut eläinlääkäriin tarkistettavaksi. Tutkittiin silmät, korvat, jalat, häntä, hampaat ja tietysti purenta. Kuunneltiin keuhkojen ja sydämen toiminta. Kaikki pennut käytiin tarkasti läpi ja asiat kirjattiin eläinlääkärin tarkastuslausuntoon.

## Kustannukset astutuksesta

Kaksoisastutuksessa kustannukset ovat hieman erilaiset kuin ihan "tavallisessa" astutuksessa.

Tässä tämän tapauksen kustannukset: ( vuodelta 2007)

Hyppymaksu kahdella uroksella (2*130 e) yhteensä 260 e,
Mikrosirut pennuille 5 kpl (5*5 e) yhteensä 25 e, DNA-näytteet 6 kpl (6*25 e) yhteensä 150 e, Finnzymesin lausunnot (sis. toimituskulut) 308 e, Pentumaksu uroksen omistajalle (5*130 e)yhteensä 650 e,
Rekisteröinti 5 kpl (5*20e) yhteensä 100 e sekä Eläinlääkärin pentutarkastus 60e.
Kulut yhteensä tulivat olemaan 1553 e.

Toki edellisten lisäksi tuli progestronitesti (40e) astutusajankohdan määrittelemäksi, ultrassa käynti (40 e) ja kaikki astutukseen liittyvät matkakulut. Pentujen ja emän ruokinta sekä madotukset ja pitihän pennuille tehdä myös pentupaketit mukaan.

## SANAKIRJA

Linjaus = sukusiitoprosentti alle 6.25%
Sukusiitos = sukusiitosprosentti yli 6.25%
Matador = Uros, jota käytetty jalostukseen tiheään tahtiin
Vepe = Vesipelastus koiraharrastuslaji

Näyttelysanastoa
EH=Erittäin hyvä
H =Hyvä
Eri = Erinomainen

FCI= Kennelliittojen "kattojärjestö" eli Fédération Cynologique Internationale, sijaitsee Belgiassa
Sukusiitosprosentti = Lasketaan sukutaulussa esiintyvien koirien mukaan sukulaissuhteiden prosentit
Rabies vasta-aine testi= Testi vaadittiin Ruotsiin, ja siitä näkyy rabies vasta-aineiden ilmentyminen veressä
Barf = Raakaruokinta
EVIRA= Elintarviketurvallisuusvirasto, jossa tutkitaan niin kuolleita koiria kuin esim. veritestejä
Ruokavirasto = entinen evira
Erkkari = Tietyn rodun erikoisnäyttely

## KIITOKSET

Suurin osa tiedoista on kerätty eri kasvattajilta haastattelemalla heitä, näin ollen asiavirheitä saattaa esiintyä. Osa haastatteluista on tehty jo vuosia sitten, joten kehitystä myös koirankasvattajien käyttämiin metodeihin myös tullut. Periaatteet kuitenkin ovat säilyneet ja synnytys on edelleen luonnollinen tapahtuma.
Haluan kiittää kaikkia haastatteluun osallistuneita kasvattajia, jotka jaksoivat käyttää aikaansa tämän kirjan eteen.

Sirkku Slip, Kennel Jitterpug, mopsi
Johanna Tukiainen, Kennel Lovebear's, newfoundlandinkoira, amerikanakita
Tuula Suhonen, Kennel Von Sarisheim, saksanpaimenkoira
Minna Hallikainen, Kennel Wild Fellow's, walesinspringerspanieli
Minna Keronen, belgianpaimenkoira
Tiina Tamminen, Kennel Sartimo's sarplaninac
Micaela Lehtonen, Kennel Qashani, saluki
Heli Rummukainen, Kennel Ancer's, englanninspringerspanieli, dreeveri
Tarja Tuomisto, Kennel Tachetee, kaukasianpaimenkoira, suomenlapinkoira
Kati-Maaria Tanttu, Kennel Metkumutkan, estrelanvuoristokoira, tiibetinspanieli, griffon
Emilia Honkanen, Kennel Viribus Unitis, akita
Liisa Mikkonen, Kennel Urkkalammen, dreeveri, suomenpystykorva, eestinajokoira
Ismo Putkonen, Kennel Kolkon, dreeveri
Aino Räsänen, Kennel Black Jade's, skotlanninhirvikoira
Bettina Salmelin, Kennel Watercub's, newfoundlandinkoira
Meri Pistokoski, Kennel Monokuro, shiba
Anu Nieminen, Kennel Susirinteen, espanjanvesikoira
Mabel Olsson, Kennel Bullero's, bullmastiffi, amerikanakita

Mervi Holopainen, Kennel Candyshop's, valkoinen
länsiylämaanterrieri
Henna-Riikka Backman, Kennel Jarfa's, suomenlapinkoira

Lähteet

- Koiramme-lehti 11/20017, Heidi Lehikoinen
- Koiran kotilääkäri, Sari Haikka, Gummerus 2006
- Eviran kotisivut www.evira.fi

www.ingramcontent.com/pod-product-compliance
Lightning Source LLC
Chambersburg PA
CBHW031420210526
45464CB00005B/1982